JN413137

우리땅 바위와 화석

우리땅

바위와

화석

장순근
(남극 세종기지 초대 월동대장)

과학사랑

우리땅 바위와 화석

2019년 10월 30일 초판발행

지은이   장순근
펴낸이   유광종
펴낸곳   과학사랑
출판등록 제2018-000019호/2001.8.20
주 소   경기도 화성시 병점로 77, C동506호
전 화   031) 238-2062   팩스 031) 238-2015
전자우편 hankuk204@naver.com
인 쇄   경성문화사

값 19,500원
ISBN 978-89-7095-148-5

@장순근, 2019
 ※ 이 저작물의 내용을 쓰고자 할 때는 저작자와 과학사랑의 허락을 받아야 합니다.
 ※ 파손된 책은 바꾸어 드립니다.
 ※ 과학사랑은 도서출판 한국이공학사의 교양서적 브랜드입니다.

 ※ 이 도서의 국립중앙도서관 출판예정도서목록(CIP)은 서지정보유통지원시스템 홈페이지
   (http://seoji.nl.go.kr)와 국가자료종합목록 구축시스템(http://kolis-net.nl.go.kr)에서
   이용하실 수 있습니다. (CIP제어번호 : CIP2019037225)

들어가는 글

오래 전에는 한반도의 모양이 토끼와 비슷하다고 알았다. 곧 함경도가 토끼의 머리였고 평안도가 앞다리였고 경상북도 장기곶이 꼬리였다. 그러나 지금은 누구나 한반도가 앞다리를 들고 있는 호랑이를 닮았다고 생각한다. 아마도 1988년 서울올림픽의 상징인 호돌이가 나타나면서, 호랑이가 토끼와는 비교하지 못할 정도로 무섭고 강한 동물이기에, 그렇게 된 것으로 생각된다. 한반도가 토끼를 닮았든 호랑이를 닮았든 우리 땅이다.

우리 땅의 바위 하나하나는 굉장히 오랜 시간을 거쳐 만들어졌다. 바위는 그 바위가 만들어진 곳을 말하며 바위 속에 있는 화석 하나하나는 그 화석의 주인공이 살았던 시대를 가르쳐 준다. 또 어떤 기후에서 살다가 죽어, 어떻게 묻혔는가를 말해 준다. 그러므로 바위는 단순한 바위가 아니고, 화석은 단순한 화석이 아니다. 모두가 우리 땅이 만들어진 역사에 참가해서, 그 역사를 보았던 증인이요, 역사책이다. 나아가 그 역사를 가르치는 선생님이다.

이 책에서는 먼저 우리 한반도의 전체지형과 그 지형이 생긴 과정을 간단히 이야기한다. 이어서 우리가 찾아갈 수 있는 고생대 이전과 고생대와 중생대와 신생대의 바위와 화석을 이야기한다. 마지막에서는 우리의 바다와 해안과 간간이 사람의 활동도 이야기한다.

이 책은 우리나라의 바위와 화석을 연구하는 수많은 분들의 도움을 입었다. 바로 그 분들이 발표한 논문들과 의견들을 들었고 그 분들이 그린 그림들과 찍은 사진들을 썼기 때문이다. 그 분들의 도움이 없었다면 이 책이 씌어지지 못했을 것이다. 나아가 이 책을 만든 도서출판 과학사랑에서 편집을 하는 분들에게도 깊은 고마움을 표한다.

2019년 여름을 기다리며
동작 절고개아래에서
장순근 skchang1766@naver.com

CONTENTS

1장
한반도 땅덩어리

우리 한반도의 전체 모양을 잘 보면, 여기저기에 산맥들이 있고, 산맥을 따라서는 높은 산들이 있다. 산맥 사이에는 강이 흐르고 강을 따라서는 평탄한 곳이 있다.

깊은 바다에는 섬도 있으며 해안에는 개펄도 있고 강의 하류에는 삼각주도 있다. 또 한반도는 한 덩어리이지만, 두 덩어리였다는 주장도 있다.

1. 전체의 지형과 섬들은

1) 지형은

(1) 산이 많은 북동쪽과 평탄한 남서쪽

한반도의 지형을 크게 보면 북쪽지방과 동쪽지방, 그 가운데서도 북쪽에 산이 많아, 험하다. 북쪽지방에서는 함경남도의 북쪽과 함경북도의 남서쪽이 높아서, 백두산을 포함해 개마고원은 아주 높다. 남쪽지방에서는 강원도를 중심으로 충청북도와 경상북도의 지형이 상당히 높고 험하며, 지리산줄기는 높지만 덜 험하다. 반면 서쪽지방과 남쪽지방은 산도 높지 않고 험하지도 않으며, 평야가 많다.

한반도에는 산이 많아, 국토의 70% 정도를 차지한다. 북쪽지방에는 산이 정말 많은 반면 남쪽지방에서는 태백산맥이 있는 강원도지방과 경상북도에 산이 많다. 소백산맥이 지나가는 충청북도도 산이 많다.

한반도의 동쪽은 높아지면서 급하게 깎인 반면, 남서쪽은 낮아지고 많이 깎여, 높이는 바다수면과 비슷하게 되었다. 또 상류에서 흘러온 모래와 펄로 채워져, 넓은 평야가 생겼다. 그러나 평야의 가운데에 간간이 상당히 높은 산들이 솟아 있다.

(2) 높은 산들은

우리 땅에서 높은 산들은, 잘 알다시피, 모두 한반도의 북쪽에 몰려있다. 그 가운데서도 백두산을 중심으로 함경남도의 북쪽 지역과 함경북도의 남쪽지역과 이 도들이 만나는 지역에 모여 있다. 반면 한반도 남쪽에서는 가장 높은 산이 제주도의 한라산이고 지리산도 꽤 높지만, 한반도 북쪽의 산에 비하면 아주 낮다.

강원도에서 동해안을 따라 내려가는 태백산맥은 남한의 등뼈가 되어, 높고 험하다. 나아가 금강산도 마찬가지지만 설악산과 금강산을 만든 화강암에는 갈라진 틈들이 많아, 기기묘묘한 바위와 절벽이 여기저기에 생겼다. 또 그 틈을 따라, 수많은 나무와 꽃이 생장하고, 가을에는 그 나무에는 아름다운 단풍이 들어, 한 층 더 아름다워서 그 아름다움을 말로 표현하기 힘들다.

화산이 폭발해 높아진 산으로는 한반도의 북쪽에는 우리가 잘 아는

상당히 젊은 산맥인 험준한 태백산맥-화강암이 군데군데 노출된 태백산맥은 그 위를 덮은 바위가 침식되어서 나타났다-사진 우경식 강원대학교 교수

백두산이 있고 남쪽에는 한라산이 있고 동해에는 울릉도의 성인봉이 있다. 반면 전라북도 진안군에 있는 마이산은 자갈들이 굳어진 바위로 서쪽의 암마이봉과 동쪽의 수마이봉은 높지 않아도 모양이 특이해 사랑을 받는다. 또 지리산처럼 아주 오래 된 바위로 된 산도 있다.

(3) 크고 작은 강들은

우리의 땅에서는 큰 강들도 생겨났다. 압록강과 두만강과 낙동강과 한강과 금강과 임진강과 섬진강과 대동강은 모두 한반도에 있는 큰 강들이다. 압록강과 두만강은 한반도를 만주한테서 나눈다.

강은 처음에는 곧게 흘러가도, 시간이 가면서, 구부러진다. 그러나 시간이 가면 이 정도가 심해져, 마치 뱀처럼 구불구불하게 흘러간다. 이런 강을 "뱀처럼 기어가는 하천"이라고 해서 사행천(巳行川)이라고 부른다. 산이 험한 강원도에서는 영월 동강같은 사행천을 많이 볼 수 있다.

사행천이 워낙 심하게 구부러지면, 구부러진 곳이 파이면서, 연결된다. 다음에는 물이 가까운 물길로 흐르면서 과거의 물길이 천천히 메워진다. 이렇게 감돌던 하천의 목이 연결된 직후에는 과거의 물길은 호수가 된다. 이 호수는, 마치 쇠뿔처럼 보여, 우각호(牛角湖)라고 부른다.

영월군 영월읍 학당골에서 장릉으로 가면서, 장릉에 오기 전 500m 정도까지 길의 왼쪽 낮은 곳을 보면, 낮은 언덕에 집이 몇 채 보인다. 이 동네가 방절리 찬다리동네이다. 이 동네는 영월 서강의 물길이 바뀌면서, 과거의 물길에 건설된 동네이다. 찬다리동네 남서쪽의 청령포 마을과 뒤쪽인 마곡이 있는 곳은 우각호가 메워져 생긴 곳이다. 과거에 그곳을 흘렀던 서강은 북쪽으로 올라와 마곡을 거쳐 찬다리로 돌아 내려

강원도 정선을 흘러내리는 동강은 휘어져 아름다운 나리소를 만들었다. - 사진 이광춘 상지대학교 명예교수

영월을 흘러내리는 평창강(서강)은 휘어져 신기하게도 한반도를 만들었다. - 사진 이광춘 상지대학교 명예교수

가 흘러갔다. 그러나 지금은 곧장 청령포 마을 앞으로 흘러간다. 우각
호가 메워진 곳은 땅이 높지도 않고 아주 비옥해서 농사가 잘 된다.

(4) 평야가 생겨나

　　산에서 흘러내린 물만 큰 강을 따라가는 게 아니다. 모래와 진흙이 함께 흘러내려간다. 그러다가 흐름이 약해진 곳에 쌓여, 평야와 삼각주도 만든다. 예컨대, 금강의 하류인 전라북도의 호남평야와 충청남도의 논산평야와 영산강하류인 나주평야와 한강하류인 경기평야가 서쪽에 있는 그런 평야들이다. 김제시를 지나갈 때는 지평선이 보인다. 그럴 때는 "야! 우리나라에도 이런 평야가 있구나!"하는 감탄사가 절로 나온다. 그러므로 김제평야에서 나는 쌀은 그 이름이 "지평선 쌀"이다. 또 화성군 일대에는 평택평야가 있으며, 예산군과 당진군 주위에는 예당평야가 있다.

　　남한강이 흐르는 여주군과 금강의 지류인 미호천이 흐르는 청주시와 증평군 일대에도 넓은 들이 있다. 낙동강을 따라서도 상주시와 안계 부근에도 넓은 들이 펼쳐지며, 창녕군의 주변과 낙동강의 지류인 남강을 따라, 진주시 부근에도 넓은 들이 있다. 낙동강이 돌아가는 안동시 하회마을 부근에도 넓은 풍천평야가 펼쳐진다.

　　정선 아리랑으로 유명한 정선군은 산세가 아주 험해서, 경치가 대단히 좋다. 정선에서는 사방을 둘러보아도 높은 산밖에 보이지 않을 정도로, 산이 둘러싸고 있어, 평지는 거의 없다. 그러나 북면 여량리에서는 영월 동강의 연속인 조양강의 송천과 골지천이 만나면서, 강 유역에 상당히 넓은 들이 생겼고, 이곳에서는 "양식에 여유가 있어" 동네이름도 "여량(餘糧)"이다.

비행기에서 본 나주평야와 영산강 곡류-오른쪽 아래 우각호는 곡류의 목을 연결해 유로를 직선으로 만들면서 생겼다. - 사진 이광춘 상지대학교 명예교수

2) 점점이 흩어진 섬들은

우리나라 서해와 남해에는 점점이 떠있는 수많은 섬들은 크게 세 가지 방법으로 만들어졌다.

첫째는 한반도가 서쪽으로 기울어지면서 골짜기는 바닷물에 잠기고 산봉우리들은 섬이 되었다. 예컨대, 대흑산도와 홍도는 노령산맥의 계속이다. 진도는 소백산맥의 계속이며, 진도 남서쪽 소흑산도와 맹골군도와 거차군도는 진도의 연속이나 마찬가지다. 진도는 상당히 큰 부분이 물위에 나타났으며 어청도와 외연도 같은 외연열도는 물에 잠긴 차령산맥이다.

둘째는 화산이 터져 만들어진 화산섬들로 제주도와 울릉도와 독도가 이런 예이다.

　마지막으로 낙동강이나 한강 하구에는 삼각주인 섬이 있다. 삼각주
는 강물의 흐름과 물결의 세기에 따라 변하고 움직인다. 삼각주의 모양
과 삼각주가 움직이는 것은 강이 운반하는 퇴적물의 양과 하류부근의
바위와 해안과 지형과 지면과 식생과 그 지역에서 부는 바람과 해류와
파도와 조석 같은 여러 이유가 얽힌 결과이다. 대부분의 삼각주는 강의
하구에 생기지만 아프리카 보츠와나 오카방고 삼각주는 계절을 따라
육지 내부에서 생긴다.

　서해안 가까운 곳에 있는 섬들은 간혹 육지와 연결된다. 예컨대, 충

백령도는 아주 오래 된 지층으로 바위가 대단히 단단해서 절벽이 수직이다.

청남도 보령시 무창포 해수욕장은 1.5km 떨어진 석태도로 가는 자갈길
이 열린다. 또 전라남도 해남군 송지면 대섬은 중리마을과 연결된다.

2. 한반도 전체의 지질은

1) 한반도가 한 덩어리? 두 덩어리?

(1) 한 덩어리라는 주장은

우리나라의 지질도를 보면, 아주 복잡하다. 한반도의 북쪽은 어떤 규칙이 없이 아주 제 멋대로 바위들이 퍼져있다. 또 상당히 오래 된 바위들은 한반도의 가운데와 한반도의 북쪽에 큰 덩어리처럼 군데군데 나와 있다. 반면 한반도의 남쪽에서는 여러 바위들이 대략 북동-남서방향으로 나타난 것을 볼 수 있다.

한반도가 만들어진 과정에는 두 가지 주장이 있다. 하나는 한반도가 원래 처음부터 한 덩어리라는 주장이다. 다른 하나는, 한반도가 한 덩어리가 아니라, 한반도의 남쪽부분과 북쪽부분이 충돌해, 오늘날 보는 한반도가 생겨났다는 주장이다.

한반도가 한 덩어리라는 주장은 옛날부터 있던 주장이다. 바로 한반도에서 남동부를 뺀 한반도 전체가 중국북쪽지방과 만주와 결합되어, 한 덩어리를 이루고 있었다는 주장이다. 다만 한반도의 남동부지역이 나중에 쌓였지만, 그래도 그 밑바탕이 된 땅덩어리는 있었다.

한반도가 한 덩어리였다는 주장을 따르면, 한반도는 고생대 말기인

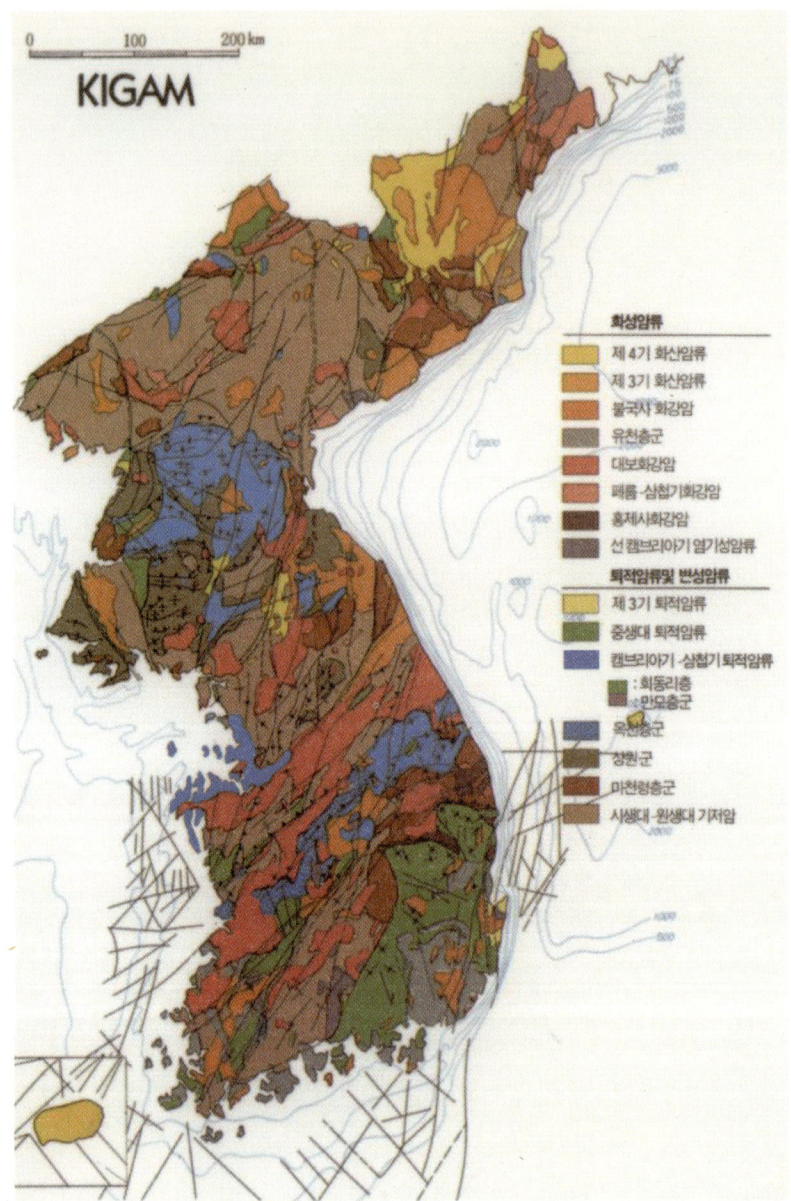

한반도 지질도 - 한반도의 북쪽에서는 바위들이 규칙 없이 퍼져있는 반면, 남쪽에서는 대략 북동-남서방향으로 나타난 것을 볼 수 있다. - 한국지질자원연구원

페름기(2억9,900만 년 전부터 2억5,200만 년 전까지)말기까지 북중국에 연결되어 있었다. 그러다가 한중땅덩어리와 중국남쪽덩어리가 페름기말기에 충돌했다. 이 충돌로 퇴적물은 동쪽방향과 남동쪽방향으로 겹쳐 쌓이게 되었다. 퇴적물이 쌓이면서 바다바닥은 가라앉아 지층은 두꺼워지고 복잡해졌다.

위의 주장을 따르면, 한반도의 남쪽지방이 중국 양자강땅덩어리와 연결되지 않았으므로, 산동반도 남쪽에 있는 양자강 덩어리의 북쪽경계선도 한반도, 그 가운데서도 한반도 중부지방으로 오지 않았다. 오히려 그 경계선은 서해에서는 남북방향이지만 북쪽 끝은 북중국땅덩어리와 거의 직각으로 만나리라 추정된다.

바위를 만드는 광물의 결정은 아주 아름답다. - 왼쪽은 영월군 주천면 창월광산에서 나온 방해석이고 오른쪽은 울주군 삼남면 언양자수정광산에서 나온 자수정이다. - 한국지질자원연구원

(2) 두 덩어리라는 주장은

남쪽부분은 남위 35°에서 올라와 -- 시간이 가면서, 지질학자들이 많아져 새로운 사실들이 알려지기 시작했다. 그 가운데 하나가

바로 1970년대에 지리산 부근 산청과 하동에 많은 바위 속에 남아있는 지자기이다. 그 지자기는 한반도의 남쪽지방이 17억 년 전에는 오스트레일리아근처인 남위 35°부근에 있었다는 사실을 가리켰다. 곧 당시 우리나라는 서부오스트레일리아에 붙어있었던 것으로 보인다. 상상하기 어렵지만 엄연한 과학연구의 결과이다.

그러다가 한반도의 남쪽부분은 북쪽으로 올라왔다. 마침내 강원도에 많은 석탄기 바위들이 쌓일 때에는 한반도가 남위 4°에 있었다.(석탄기는 페름기의 앞으로, 3억5,900만 년 전부터 2억9,900만 년 전까지를 말한다.) 한반도 남쪽부분은 쉬지 않고 북쪽으로 올라가 페름기에는 북위 6°에 있었다. 이때도 상당히 더웠고 당시 무성했던 식물들이 바로 지금의 석탄이 되었다.

고생대 끝날 때인 페름기 말에는 북위 20° 정도까지 올라왔다. 그 때부터, 위에서 말한 대로, 한반도의 남쪽과 북쪽이 충돌하기 시작해, 중생대 트라이아스기(2억5,200만 년 전부터 2억 100만년 전까지)에도 충돌했다. 그 때문에 우리나라의 지형이 복잡하게 되었다. 마침내 한반도는 쥐라기(2억 100만년 전부터 1억4,500만 년 전까지)에는 현재의 위치에 왔다. 또 현재 눈에 보이는 한반도 남동부의 바위와 지층은 생기지 않았어도 그들이 생길 밑바탕은 있어, 한반도의 뼈대가 만들어졌다.

한편 충주 부근에서 옥천을 지나 익산의 북쪽 15km에 이르는 남서방향으로 넓지 않고 길게 나있는 지층을 옥천계 또는 옥천누층군이라고 부른다. 이 지층은 주로 약한 변성작용을 받은 변성암들과 퇴적암으로 되어있으며, 분명한 화석이 거의 나오지 않아 시대를 잘 몰라 막연히 아주 오래 되었다고 생각했다. 그러나 최근에는 고생대의 앞쪽을 가리키는 화석이 몇 점 발견되었다. 그래도 아직도 옥천대의 형성시기와 과정에는 여러 주장이 있다.

부딪친 곳이 임진강대 -- 한반도의 남쪽부분이 북쪽부분과 충돌했다고 생각되는 지역을 우리나라 지질학자들은 임진강대(帶)라고 부른다. 임진강대는 서해안 강화도와 황해도 남쪽지방에서 경기도 전곡과 연천을 거쳐 강원도 화천을 지나 금강산을 포함하는 폭 40~70km 정도의 띠(帶) 같은 지역이다. 남쪽으로는 홍성-양평-오대산을 잇는 지역이다. 그 곳은 습곡과 단층이 많아, 지층과 바위가 아주 복잡하다. 지층과 바위가 복잡해지면서 강과 산과 들도 복잡하다.

한편 중국의 서부내륙과 산동반도에서는 1980년대 말 다이아몬드와 코어사이트라는 광물이 발견되었다. 후자는 높은 압력에서 생기는 일종의 석영이다. 최근에는 에클로자이트라는 광물도 발견되었다. 이 광물은 현무암이 원래의 바위라고 생각되는 변성암에서 나온다. 이 광물들은 남중국땅덩어리와 북중국땅덩어리가 충돌한 증거들로 볼 수 있다. 게다가 이 광물의 나이는 2억5천만 년 정도 되어, 충돌이 일어났다고 생각되는 시기와 같다.

그런데 최근 충청남도 홍성의 비봉에 있는 바위에서도 비슷한 시기의 에클로자이트가 발견되었다. 이 광물의 발견으로 중국의 충돌지역이 우리나라로 계속된다는 것을 알게 되었으며 우리나라의 남쪽 땅덩어리와 북쪽의 땅덩어리가 부딪쳤다는 주장은 상당한 지지를 받게 되었다.

2) 좀 더 연구해야

산동반도에서 발견된 광물들은, 한반도의 남쪽부분이 북쪽부분에 부딪쳤을 때 만들어진 것이 아니라는 게, 한반도 한 덩어리를 주장하는 학자들의 설명이다. 그들의 설명으로는 그 광물들이 단지 심한 압력을 받았기 때문에 생겼을 뿐이다. 또 산동반도의 남서쪽에서 서쪽을 지나 북동쪽으로 올라가는, 1천km가 넘는 큰 단층의 동쪽에도 땅덩어리가 충돌한 증거가 없다는 것이 한반도가 한 덩어리였다고 주장하는 학자들의 설명이다.

한반도가 충돌했다는 주장을 증명하려면 두 땅덩어리가 부딪쳤다는 눈에 보이는 확실한 증거가 필요하다. 그 가운데 하나가 다이아몬드처럼 강한 압력을 받아 만들어지는 광물이다. 한반도에서는 1935년 압록강모래 속에서 아주 작은 다이아몬드 한 개가 발견된 적은 있지만, 지금까지 임진강 대에서 다이아몬드를 발견하지는 못했다. 한편 임진강 일대에서 발견될 다이아몬드는 반지에 박을 만큼 큰 알갱이는 아니며, 단지 현미경으로 보아야 보일 정도의 대단히 작은, 그야말로 다이아몬드'가루'이다.

서울대학교 지구환경과학부에서 삼엽충을 연구하면서 충돌설을 지지하는 최덕근명예교수는 임진강대에서 볼 수 있는 구조가 남아있게 된 과정이 주요한 연구내용이라는 의견을 표했다. 그만큼 그런 구조가 남아있게 된 과정이 충돌여부보다 더 중요하다는 뜻이다. 충돌여부는 한 순간의 현상일 뿐이고 그 현상이 생길 때까지 땅덩어리가 움직였다는 것은 한 지역에서 힘과 지층이 오랜 시간에 걸쳐 복합된 현상, 곧 지질현상이다. 오랜 시간에 걸치는 복잡한 과정을 연구하면 충돌여부는 자연히 밝혀진다.

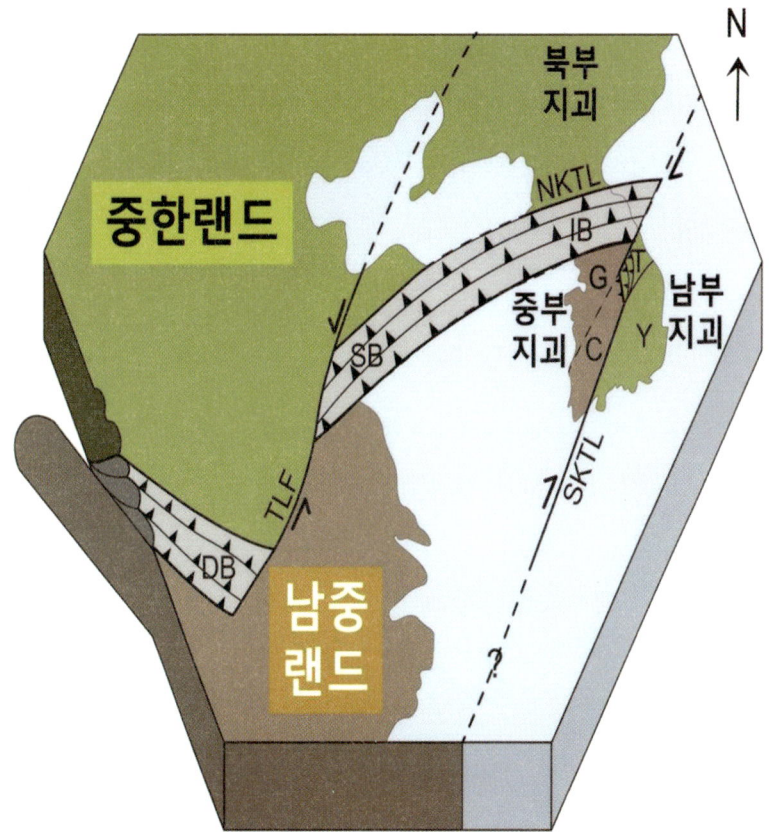

DB; 다비조산대, TLF; 탄루단층, SB; 술루조산대, IB; 임진강대, G; 경기육괴, Y; 영남육괴, C; 충청분지, T; 태백산분지, SKTL; 남한구조선, NKTL; 북한구조선

한반도 만입쐐기 모델 모식도 남중랜드에 속하는 중부지괴가 중한랜드에 속하는 북부지괴와 충돌해서 한반도 가운데에 쐐기처럼 박혀있다. 반화살(▸)은 지괴가 움직인 방향을 가리킨다.
- 그림 최덕근 서울대학교 명예교수

과학백과 -- 옛날의 지구자기는

종이 위에 쇳가루나 못을 놓고 아래에 자석을 갖다 대면 그들은 자력의 방향을 따라 배열된다. 이런 놀이는 우리가 어렸을 때 많이 했던 놀이이다.

이런 것을 보아, 바로 자력을 가진 광물들은 자력선의 방향을 따라 배열된다는 것을 알 수 있다. 마찬가지로 마그마가 식어서 굳을 때, 마그마 속에 있는 자철석처럼 자성을 띠는 광물들은 당시의 자력선 방향을 따라 배열된다. 그러므로 우리는 그 철광물 속에 남아있는 옛날의 자침의 방향과 자침이 기울어진 각을 알 수 있다. 이 두 가지를 알면, 철광물이 들어있는 바위가 생겼을 때의 북극점의 위치와 그 바위들의 위치를 알 수 있다.

이렇게 지질시대의 지자기방향을 연구하는 분야를 고지자기학이라고 한다. 본문에서 한반도의 남쪽지역이 1억 년 전 남반구에 있었다는 결과는 고지자기의 연구결과이다. 나아가 고생대로 가까이 가면서 북반구로 올라갔다는 사실도 바위 속에 남아있는 고지자기를 연구해서 밝혀졌다.

2장

아주 오래 된 바위와 화석

한반도에서 가장 오래 된 바위는 어디에 있으며 얼마나 오래 되었을까?

그 바위가 가장 오래 되었다는 것을 어떻게 알아내었을까?

가장 오래된 화석은 무슨 화석일까?

아주 오래 된 흔적은 무엇일까? 궁금해진다.

1. 아주 오래 된 바위

1) 가평군 설악면 송산리에는

춘천시나 양평 같은 곳에서도 아주 오래 된 변성암들을 볼 수 있겠지만, 가평군 설악면 송산리에서 미사리로 넘어가는 길 가운데인 가장 높은 부분의 양옆에서도 볼 수 있다. 여기에서 볼 수 있는 변성암은 검고 흰 띠가 심하게 휜 주로 호상(縞狀)편마암이다.(호상편마암은 흑운모 같은 색깔이 있는 광물로 된 검은 색 띠와 석영과 장석 같은 색깔이 없는 광물로 된 하얀 색 띠가 있는 바위를 말한다.) 바위를 잘 모르는 사람이라도, 이 바위를 보면 "무언가 심상치 않다"는 생각이 들 정도로, 검은 색 띠와 하얀 색 띠가 아주 조밀 조밀하다. 또 그 띠가 아주 심하게 휘어졌다.

미사리로 넘어가는 길의 꼭대기에서는 오른쪽, 즉 동쪽으로 멀리 남북방향으로 상당히 높게 발달한 장락산맥이 보인다. 그 산맥의 산 중턱에 보이는 허연 바위도 아주 오래 되었다. 이 바위는 모래가 굳은 사암이 높은 압력과 열을 받아 만들어지는 아주 딴딴한 변성암인 규암이다. 이 바위는 잘 깎이지 않아, 보통 높은 봉우리와 능선을 만든다.

경기도 오산시와 부천시와 지리산 부근의 바위도 오래 되었다. 그러나 한반도의 남쪽에서 가장 오래된 바위는 서해 대이작도의 남서쪽 해안에 있는 혼성암(混成岩)이라는 거무스름한 바위로, 최근 25억1천만 년이나 되었다는 것을 알아내었다. 혼성암은 변성암과 화성암이 강한 압력과 열로 녹아서 생긴 바위를 말한다.

과학백과 -- 호상편마암의 띠는?

호상편마암에서 흔히 볼 수 있는 검은 색 띠와 하얀 색 띠는 압력에 수직으로 생긴다. 곧 힘을 받는 방향에 90°방향으로 생긴다. 그러므로 띠를 보면 힘의 방향을 알 수 있다. 또 이 바위 속에 있는 광물들로 보아, 이 편마암은 상당히 강한 압력과 열을 받았다는 것을 알 수 있다. 강한 압력과 열을 받아야만 만들어지는 광물들이 있기 때문이며 이런 광물을 변성광물이라고 한다. 변성광물이 생기는 과정을 재결정이라고 하고, 띠가 생기는 과정을 재배열이라고 한다.

2) 지리산은 산이 크고 미끈해

한반도남쪽에 있는 산으로 한라산 다음으로 높은 산은, 잘 알다시피, 소백산맥의 남서쪽 끝에 높이 솟은, 높이가 1,915m인 지리산이다. 지리산은 산 둘레가 320km나 되며 서남서쪽의 노고단에서 반야봉과 연화봉을 거쳐 주봉인 동북동쪽 천왕봉에 이르는 주능선의 길이가 42km이다. 1천m가 넘는 높은 봉우리가 스무 개가 넘으며 피아골과 뱀사골과 칠선계곡과 한신계곡인 4대 계곡과 스무 개가 넘는 크고 작은 계곡들과 능선이 거의 스무 개 가까이 있다.

남원시에서 구례로 가면서 왼쪽인 동쪽에는 지리산의 능선인 고리봉에서 만복대를 지나 반야봉에 이르는 검푸르고 높은 능선이 병풍처럼 계속된다. 상당히 높은 능선이 아주 가까운 곳에 있어, 지리산이 큰 산이라는 것을 알 수 있다. 반면 서쪽에는 상당히 먼 곳에 높지 않은 산들이 보인다.

지리산은 전라남북도와 경상남도에 걸치는 아주 큰 산이다.

지리산은 워낙 크고 능선이 길어, 다른 지방, 예를 들면, 강원도에서 흔히 볼 수 있는 산과는 다른 인상을 준다. 지리산의 높은 곳에 올라서면 산이 크다는 생각은 들어도 험하다는 생각은 들지 않는다. 노고단에서 보이는 반야봉이나 토끼봉도 큼직하고 미끈하다. 세석평전은, 촛대봉의 남쪽으로, 작은 돌이 많고 평평하다는 뜻으로 넓은 고원평지이다. 세석평전은 상당히 넓은 곳이 평탄하면서 바위가 깨어져 작은 자갈이 많이 생긴 것으로 생각된다. 지형이 상당히 평탄해 자갈들은 굴러가지 않고 모인 것으로 보인다.

(1) 화엄사골짜기의 바위들은

지리산일대에는 퇴적암이 압력과 열을 받아 만들어진 바위를 비롯해, 여러 종류의 변성암들이 있다. 또 이 바위들을 뚫고 들어간 화성암으로 되어 있다. 지리산 일대에 나오는 변성암들은 상당히 젊어서, 위에서 말한 대로, 경기도에 있는 변성암보다는 젊다.

지리산의 꼭대기인 천왕봉은 섬록암으로 되어있다. 섬록암은 화강암처럼 보이지만, 석영이 없고 색깔이 좀 푸르스름한 바위를 말한다. 섬록암은 섬록암질마그마가 땅 속 깊은 곳에서 천천히 식어서 만들어진다.

구례군 화엄사에서 계곡을 따라 노고단으로 올라가면서, 골짜기의 바위들을 잘 살펴보면, 재미있는 사실을 알 수 있다. 곧 화엄사부근의 낮은 골짜기에 있는 바위들은 상당히 둥근 편이다. 그러나 두 시간 정도 올라 간 높은 골짜기에 있는 바위들은 대부분 모가 나있다. 바로 부근에서 깨어졌기 때문이다. 바위는 골짜기를 굴러 내리면서, 깨어지고 깎여 둥글게 된다. 큰 바위는 수 km만 가도 상당히 둥글게 되는 반면, 자갈은 상당히 멀리까지 가야 둥글어지며, 모래알갱이는 물속보다는 사막에서 둥글게 된다.

(2) 산청군에 나타난 화성암들과 고령토

지리산을 만드는 산청군에는 회장암이라는 아주 오래 된 특이한 화성암이 나온다. 이 바위는 주로 칼슘장석으로 되어있어서, 바위의 색깔은 허옇지만 다른 물질들이 섞이면서 여러 색깔이 나온다. 이 바위가 생초면을 중심으로 넓게 나오며 단성면에서도 남북방향으로 길게 나온다. 또 금서면 왕산과 필봉산과 용두봉 같은 높은 봉우리도 이 바위로 되었다. 지금부터 16억~17억 년 전에 만들어진 이 바위는 화성암이지만 화성암 가운데 있는 손님 같다. 왜냐하면, 대부분의 화성암은 그와 같은 성분의 마그마가 있어, 그 마그마가 굳어져 만들어지는 것이 보통인데, 이 바위는 그와 같은 성분의 마그마가 없기 때문이다. 이는 마치 부모는 없는데 자식이 있는 격이라고 회장암을 연구한 정지곤 충남대학교 명예교수가 말했다.

또 색깔이 진하고 알갱이가 큰 바위인 반려암을 비롯해, 여러 종류의 화성암이 나온다. 산청군일대에서 이렇게 여러 종류의 화성암이 나오는 것은 당시 그 지역에서 마그마가 활발하게 뚫고 들어갔고 여러 성분으로 나누어진 결과로 보여준다.

산청군 일대에서 많이 나오는 고령토는 도자기의 원료로서 아주 중요하다. 과거에는 고령토가 어느 특정한 방향을 따라 올라온 뜨거운 액체 때문에 생겼다고 생각했다. 그러나 지금은 그 곳에 넓게 나오는 바위가 풍화되어, 고령토가 생긴 것으로 해석한다.

과학백과 -- 바위의 나이는?

1) 상대나이는

바위의 나이에는 상대나이와 절대나이가 있다. 상대나이란 어느 바위가 더 오래 되었는지 더 젊은지 비교한 나이로, 바위가 생긴 순서를 말한다. 그러므로 순서는 알아도 몇 억 몇 천만 년 전에 생겼는지는 모른다. 반면 절대나이란, 예를 들면, "이 바위는 1억8천만 년 되었다"는 식으로 숫자로 된 나이를 말한다.

상대나이를 아는 방법은 몇 가지가 있다. 먼저 바위들의 관계를 살펴본다. 예를 들면, 화강암이 퇴적암을 뚫었다면, 당연히 퇴적암이 오래 되었다. 또는 지층이 뒤집어지지 않았다면, 아래 지층이 위의 지층보다 오래 되었다. 또 지층이 단층으로 끊어졌다면 단층은 그 지층보다 후에 생겼다. 그러나 만약 단층으로 끊어진 지층이 끊어지지 않은 지층으로 덮여있다면, 끊어지지 않은 지층이 가장 늦게 생겼다.

나아가 지층들의 분포와 지층사이의 관계를 보고 지층의 선후를 결정한다. 이를 위해서는 지질을 아주 잘 조사해야 한다.

시화호에서 발견된 공룡둥지화석. 사진에서 알 6 개가 보인다. 둥근 것은 모두 알 화석이며, 검은 부분은 깨어진 알껍데기. 화석은 바위의 상대나이를 아는데 유용하다.

다음에는 바위 속에 있는 화석을 비교해, 알아낸다. 예컨대, 바위 속에 고생대 화석이 들어있으면 중생대 화석이 있는 바위보다 오래 되었다. 또 고생대 초기의 화석이 있다면 후기의 화석이 있는 바위보다 오래 되었다. 이런 방법들은 20세기 초 절대연대측정방법이 알려지기 전까지는 모든 지질학자들이 썼던 방법이다.

그러므로 화석은 지층의 상대연령을 가리키는 좋은 재료이다. 그러나 조심해야한다.

첫째, 화석처럼 보이는 것에 속으면 안 된다. 바위표면에서 침전된 광물질이 마치 나뭇잎처럼 보이는 모수석은 아주 흔하게 눈에 띈다.

지하수가 바위틈을 따라 들어가 침전되어 마치 나뭇잎처럼 보인다. 이는 화석이 아니며 모수석(模樹石)이라고 한다.

둘째, 오래 된 화석이 새로운 지층에 섞이는 경우이다. 이런 현상을 지질학에서는 "재동(再動)되었다"고 하며, 석유를 채굴하는 시추심에서는 아주 조심해야 한다. 시추심에서 나오는 화석의 대부분은 아주 작은 화석들로 자칫하면 재동된 화석에 속기 쉽기 때문이다. 그러면 젊은 지층을 오래 된 지층으로 착각한다. 시대가 크게 다른 화석들의 보존상태와 조성비율과 다른 지층의 화석을 비교해서 재동된 화석을 찾아내고 지층과 퇴적환경을 해석하고 정확한 지질시대를 결정해야 한다.

2) 절대나이는

(1) 반감기를 이용해—20세기 들어 광물을 만든 원소가운데 방사능을 내면서 일정한 시간마다, 원래의 양이 반으로 줄어드는 원소가 있다는 사실이 발견되었다. 그런 원소를 방사성 동위원소라고 부르며 원소의 원래 양이 반으로 줄어드는 데 필요한 시간을 반감기라고 한다. 예를 들면, 운모에 있는 칼륨 40(K^{40})은 13억 년마다 아르곤 40(Ar^{40})으로 변한다. 13억 년이 지나면 원래의 K^{40}의 반이 Ar^{40}으로 변한다. 또 13억 년이 지나면 남은 K^{40}의 반이 Ar^{40}으로 변한다. 곧 K^{40}은 반감기 13억 년 마다 원래의 양에서 $1/2 \Rightarrow 1/4 \Rightarrow 1/8 \Rightarrow 1/16$으로 줄어든다. 그러므로 아무리 긴 시간이 흘러도 K^{40}은 없어지지는 않고 적어질 뿐이며 Ar^{40}은 많아진다. 따라서 광물의 K^{40}과 Ar^{40}의 비율을 알면, 그 광물이 들어있는 바위의 나이를 알 수 있다. 이 방법으로는 10만 년에서 46억 년 까지 나이를 잴 수 있다.

최근에는 2차고분해이온질량분석기(SHRIMP 쉬림프)라는 아주 정밀한 분석기계로 광물에 있는 U^{238}이 Pb^{206}으로 바뀌는 비율을 조사해, 그 광물의 절대연령을 알아낸다. 또 위의 장비를 비롯해 절대연령을 재는 장비가 아주 정밀해져, 5억4천만 년을 재면서 오차가 아주 크면 0.5%, 곧 270만 년에서 적으면 0.1%, 곧 54만 년도 되지 않는다.

위의 방법들은 상당히 오래 된 바위의 나이를 재는 방법이다.

(2) 핵분열의 흔적을 이용해—우라늄은 쉬지 않고 핵분열을 일으키면서 원자를 내어 보낸다. 그 원자에 맞은 흔적이 광물에 남는다. 곧 불소와 염소와 칼슘으로 된 인산광물인 인회석 같은 광물을 불산처럼 아주 강한 산으로 깨끗이 씻어서 현미경으로 보면, 인회석에서 가늘거나 긴 곧은 흔적들이 보인다. 바로 인회석이 그 속에 아주 조금 들어있는 우라늄의 핵분열에 얻어맞은 흔적이다. 인회석의 나이는 흔적의 양과 우라늄의 양으로 결정된다. 물론 흔적이 많고 우라늄의 양이 적으면 적을수록 오래 되었다.

이 방법을 핵분열비적(飛跡)연대측정이라고 하며, 보통 4만 년에서 150만 년 까지 재는 데는 아주 좋은 방법이다. 이 방법은 나이를 보여주는 광물이 없어서 다른 방법으로 나이를 재지 못할 경우에 쓰인다. 문제는 핵분열비적이 훗날 아주 높은 온도를 받으면 사라진다는 사실이다. 그 경우, 실제보다 젊은 나이로 측정된다.

(3) 방사성 탄소와 나무의 나이테를 이용해—공기 중에 있는 탄소 14(C^{14})는 5,730±30 년마다 질소 14(N^{14})로 바뀐다. 그러므로 반감기를 세 번 지나면 $C14$는 원래양의 1/8이 남고 7/8은 N^{14}이다. 이 원리를 이용해 나이를 재는 방법이 방사성탄소연대측정법이다.

이 방법에는 탄소가 필요한 바, 탄소성분이 있는 나무 조각이나 식물이나 조개껍데기 같은 재료가 필요하며, 7만 년을 넘지 않는 젊은 재료의 나이를 잰다. 더 오래 되어 C^{14}의 양이 대단히 적어지면 오차의 범위가 너무 커져 정확하게 재지를 못하기 때문이다. 이 방법은 고고학이나 아주 젊은 지질 시대의 연구에서 많이 쓰인다.

이 방법은 나무의 나이테를 세는 방법과 겸해서 쓰면, 시간을 아주 정확하게 알 수 있다. 방사성 탄소와 나무의 나이테를 복합한 이 방법으로는 약 14,000 년까지 잰다. 이 방법의 약점은 쓸 만한 나무가 계속 있어야 한다는 점이다. 곧 나무 한 그루가 수천 년을 살지 않아도 좋지만, 연구하려는 곳에서 나무가 없어지면 안 된다. 그래야 나무들의 성쇠를 알 수 있고 숲 전체의 변화를 해석할 수 있다.

나이테는 나무의 가운데가 아닌 겉에 생긴다. 그러므로 나무의 나이테는 나이뿐 아니고 나무가 살았던 환경을 보여주는 아주 좋은 연구재료이다. 예컨대, 숲에 불이 나서 나무가 탔다면 그 흔적이 나이테에 남는다. 또는 나무가 기울어졌거나 날씨가 아주 가물거나 추워서 나무가 잘 생장하지 못해도 마찬가지이다.

2. 서해 소청도에는

1) 빗방울의 흔적이 있어

몇 년 전 서해에 있는 작은 섬인 인천광역시 옹진군 소청도에서는 아주 귀한 것이 발견되었다.

바로 소청도 남쪽 가운데 예동 부근에 있는 약 10억 년 된 것으로 보이는 자주색의 바위에 있는 빗방울의 흔적이 바로 그 주인공이다. 잘 보면, 매끈한 바닥에 동글동글하고 오목한 것이 빗방울의 흔적이라는 것을 알 수 있다.

이 빗방울 흔적은 아주 얕은 바닷가의 진흙바닥에 생긴 것으로 보인다. 아마 비가 갑자기 와 꽤 큰 빗방울이 개펄 위에 후두둑 떨어졌고 비는 곧 멈췄을 것이다. 그 흔적이 지워지기 전에 진흙이 쨍쨍한 햇볕에 단단하게 굳어졌고 가라앉아 깊은 땅속에서 바위가 되었다가 솟아올라 우리 앞에 나타났다.

이 빗방울 흔적은 경상남북도와 강원도를 포함해, 모두 열일곱 곳에서 발견된 빗방울 흔적 가운데 가장 오래 되었다. 이 빗방울흔적은 아래에서 이야기할 남조세균이 만든 구조(스트로마톨라이트)가 나온 지층보다는 약간 아래서 나온다. 그러므로 그 구조보다 더 오래 되었다.

빗방울흔적과 남조세균을 포함한 또 다른 증거들을 볼 때, 소청도의 바위는 주로 얕은 바닷가에서 생긴 것으로 보인다.

방금 내린 빗방울의 흔적 - 이 흔적이 굳어져 지층에 보존되는 수가 있다. - 사진 김종헌 공주대학교 교수

2) 남조세균구조(스트로마톨라이트)가 나와

소청도 서쪽해안에서는 아주 오래 된 생물의 화석이 발견되었다. 바로 남조세균이 만든 퇴적구조(스트로마톨라이트)이다. 그리스말로 "바위침대"를 뜻하는 스트로마톨라이트는 아주 옛날의 원시박테리아가 물속에서 광합성을 하면서, 탄산칼슘($CaCO_3$)이 머리카락처럼 가라앉은, 아주 고운 구조를 말한다.

이 구조가 생긴 과정은 두 가지로 설명된다. 먼저 고요한 물에서 사는 남조세균이 햇빛을 받아 물에 녹아 있는 이산화탄소(CO_2)를 흡수해 광합성을 하면 물이 알칼리성이 되면서 탄산칼슘이 아주 얇은 층으로 가라앉는다. 이 탄산칼슘은 아주 가는 실이나 얇은 종이를 쌓아놓은 것처럼 둥그스름한 석회암덩어리를 만든다.(석회암을 만드는 광물은 방해석으로 주성분은 탄산칼슘이다.) 세포가 한 개로 된 남조세균은 35억~38억 년 전에 지상에 나온 것으로 보인다.

또는 남조세균의 종에 따라서는, 진득진득한 물질로 아주 가는 모래알이나 진흙 가루를 붙잡아 붙이는 남조세균도 있다. 그런 남조세균에 붙잡힌 알갱이들이 평행하게 쌓여 아주 가는 띠를 만드는 수도 있다. 그런 평행한 띠가 있는 구조도 남조세균구조라고 하는 데, 그 양은 아주 적다. 이런 구조는 남조세균의 종에 따라 다르겠지만, 100년에 수 mm를 크지 못하는 것도 있다.

소청도의 남조세균구조는 작은 덩어리나 벽돌처럼 나오며, 잘 보면 평행한 선들이 보여 보통 돌과는 다르다는 것을 알 수 있다. 이 구조가 생긴 때는 후기원생대로, 10억 년 정도 되었다는 의견이 있다. 원생대란 원초적인 생물이 나타난 시대로 시생대 다음이자 고생대의 앞으로, 25억 년 전부터 5억4,100만 년 전까지를 말한다.

원생대의 남조세균구조는, 소청도 말고도, 황해도와 함경도에 있는 바위에서도 발견되었다. 이런 것을 보아, 당시 그 곳, 나아가서 한반도는 남조세균이 살만한 상당히 더웠던 아열대지방이나 열대지방의 바다였다고 생각된다. 적어도 한반도의 남쪽부분은 17억 년 전에는, 위에서 보았듯이, 남위 35°에 있었다는 주장이 있다. 그러므로 더웠다는 것은 일리가 있다. 그 이후 10억 년 전에도 한반도의 북쪽부분은 더웠던 것으로 보인다.

이 화석과 빗방울흔적을 포함한 또 다른 증거들을 볼 때, 소청도의

약 10억 년은 된 것으로 추정되는 소청도의 스트로마톨라이트 화석 - 사진 김정률 교원대학교 교수

바위는 주로 얕은 바닷가에서 생긴 것으로 보인다.

과학백과 -- 남조세균을 더 이야기하면

세포가 한 개로 된 남조세균은 적어도 35억 년 전에 지상에 나온 것으로 보인다. 남조세균은 지구역사상 산소를 만든 최초의 세균이자 식물로 생각된다. 이 산소 덕분에 그 후에 나온 모든 생물이 살아간다. 지금도 오스트레일리아 서쪽 "샤크 만"에 가면 그런 남조세균이 만든 둥근 바위들을 볼 수 있다. 물이 빠지면 그 바위들이 둥글둥글한 기둥처럼 나타난다.

덧붙이면 분명한 최초의 생물은 38억 년 전에 나타난 철박테리아로 보인다. 그러나 최근 41억년 된 광물 지르콘 속에서 생물기원으로 생각되는 탄소가 발견되어 생명체는 더 오래된 것으로 추정된다.

3. 고생대가 시작되기 전에는

고생대가 시작되기 전 한반도의 모양은 지금의 한반도와 크게 다르다. 먼저 한반도의 남쪽에는 지리산을 빼고는, 아무 것도 없었다. 곧 지리산을 포함한 그 부근은 작은 섬처럼 있었지만, 대부분의 경상남북도와 전라남북도와 강원도 남쪽부분은 없었다. 반면 경기도-강원도북쪽부분은 그 섬의 북쪽에 있었다. 위에서 말한 가장 오래 된 지층인 대이작도와 부천도 마찬가지였다. 반면 한반도의 북쪽인 함경도와 평안도와 황해도는 만주와 붙어 있었다.

한반도 남쪽도, 위에서 본 대로, 약 17억 년 전에는 남위 35˚부근에 있었다. 그러다가 대륙이 움직이면서 북쪽으로 올라가기 시작했다. 약 6억 년 전에는 한반의 북쪽과 남쪽은 만나지는 않았지만 모두 북반구에 있었고, 북쪽부분이 더 북쪽에 있었다.

위의 이야기는 한반도가 두 덩어리라고 가정한 경우였지만, 한 덩어리라고 보아도 크게 다르지 않다.

과학백과 -- 모래 속에서 보석광물이나 황금이 나오는 수도 있어

오래 된 바위에는 가끔 전기석(토르마린)이나 석류석(가넷) 같은 아주 특별한 광물들이 있다. 전기석은 매끈하고 반짝거리는 표면에 가늘고 긴 평행한 줄들이 많은 수가 있어, 특별하게 보인다. 그러나 석류석 덩어리는 겉에 가는 금이 많고 진한 붉은 갈색으로 보여, 처음에는 아름답다는 생각이 들지 않는 수도 있다. 두 광물 모두 무겁고 아주 단단하고 붉은 색깔이 대단히 아름다워, 흠이 없는 것을 갈아놓으면, 비싼 보석이 된다.

그런 광물들이 놀랍게도 잔자갈이나 굵은 모래 속에서 나온다. 곧 바위 속에 있던 그 광물들이 오랜 시간이 지나면서 빠져나와 섞이기 때문이다. 결정모양이 좋은 석류석은 정6면체를 바탕으로 아주 매끈한 면들이 많이 생겨, 규칙이 있고 보기 좋은 자갈처럼 보인다. 보통 6각기둥으로 나오는 전기석은 자갈이나 모래 속에 오래 있으면서 양쪽 끝이 둥그스름하게 닳는다.

그러므로 혹시 지리산이나 춘천이나 경기도 가평이나 양평이나 경상북도 울진 부근에 있는 냇물로 가면, 자갈이나 모래가 모인 물속을 유심히 살펴볼 필요가 있다. 허옇고 못 생긴 돌멩이와는 달리, 붉은 색이나 진한 갈색의, 매끈한 면으로 둘러싸인 모양이 좋은 보석광물들을 발견할 행운을 잡을 수도 있기 때문이다.

나아가 강의 모래 속에서는 금 알갱이나 금덩어리가 나오는 수가 있다. 소위 사금(砂金)이 그런 금을 말한다. 오래 전 한강 하구에서도 손가락 마디 같은 금덩어리, 이른 바 너겟(nugget)이 나왔다고 한다. 다만 너무 띄엄띄엄 나와서 채산을 맞출 수 없다는 말을 들었다. 외국의 경우 사금이 미국 캘리

포니아주 사크라멘토 골짜기와 알라스카 놈 같은 도시 부근과 베링해와 오스트레일리아에서 많이 나왔다. 지금은 아프리카 가나 중부지방 아샨티황금벨트에서 아주 많이 나온다.

자갈 속에서 나온 황금덩어리 - 멜버른 자연사박물관

크고 작은 금덩어리는 금맥에 있던 작은 금가루와 금알맹이들이 침식되어 나와서 모여서 커지는 것으로 알려졌다. 물에 용해된 금 이온들이 전기를 띠면서 점점 커진다. 곧 이온들이 모여서 아주 작은 가루가 되고 그 가루가 모여서 작은 알맹이가 더 커져 큰 알맹이가 되고 큰 알맹이들이 너겟이 된다. 손가락 같은 너겟의 출발이 보이지도 않는 금 이온들이고 금가루라고 생각하면, 이온에서 너겟이 생기는 변화가 놀랍다.

3장

강원도와 충청북도의 고생대 바위와 화석

고생대는 지구 위에 생물, 그 가운데서도 지구역사에서 처음으로 땅을 파고 들어가기 시작했던 동물이 나오기 시작한 5억4,100만 년 전부터 2억5,200만 년 전까지를 말한다(고생대가 5억7,000만 년 전에 시작했다는 내용은 옛날 연구이다). 이때 바다에는 삼엽충과 바다나리와 산호류와 물고기가 많았다. 땅위에서는 인목과 봉인목 같은 양치식물과 소철류도 생장했고 곤충도 많았다. 강원도와 충청북도에는 이때의 지층이 많이 있다.

1. 고생대에는

1) 바다에서 쌓이다가

(1) 영월과 태백의 지층은

고생대 바위는 강원도와 충청북도 일대에도 많지만, 한반도 북쪽 평안남도와 황해도 같은 지역과 충청남도와 전라남도에도 조금 있다. 우리나라 고생대바위들은 쌓인 시대에 따라 먼저 쌓인 하부고생대층과 늦게 쌓인 상부고생대층으로 나뉜다.

하부고생대층 가운데 가장 먼저 쌓인 바위는 태백시 부근의 장산규암층이다. 이 바위는 우유 빛깔의 바위로, 아래 부분에는 두께 2m에서 4m의 자갈이 굳은 바위가 있으며, 그 위에 두꺼운 규암층이 있다. 이 바위를 잘 들여다보면 사층리(斜層理)가 있다.

이 바위위에 있는 묘봉층은 주로 얇게 쪼개지는 검은 색깔의 바위로, 캄브리아기에 살았던 삼엽충들이 화석으로 나온다. 그 위로, 이 장의 마지막에 있는 표에서 보듯이, 대기-세송-화절-동점-두무골-막골-직운산-두위봉처럼 동네나 골짜기나 산의 이름을 딴 지층들이 있다.

영월시 부근에는 거의 전체가 석회질바위(석회암)가 있으며 이 바위는 고생대로는 이른 시대에 생겼다. 아래 부분은 우유빛깔의 석회암이며

오밀조밀하게 보이는 복잡한 부분이 생물의 흔적이다. 마치 벌레가 파먹은 것처럼 보여 과거에는 충식석회암 이라고 불렀다.

가운데는 벌레가 파먹은 것처럼 보이는, 이른 바, 충식(蟲蝕)석회암이 많으며, 위 부분에서는 그런 석회암이 적어진다. 전체의 두께는 1km가 넘는 것으로 알려졌다. 이 지층에서는 삼엽충 같은 화석이 간간이 나온다. 이 지층들은 바다에서 캠브리아기(5억4,100만 년 전부터 4억8,500만 년 전 사이) 가운데부터 오르도비스기(4억8,500만 년 전부터 4억4,400만 년 전 사이) 가운데까지, 약 6천만 년 동안에 쌓인 것으로 생각된다. 영월부근에는 삼방산층-마차리층-와곡층-문곡층-영흥층 같은 지층들이 있다.

삼엽충연구를 보면 재미있는 사실을 알 수 있다. 곧 고생대 초기의 바다는 태백 쪽이 얕고 영월 쪽으로 가면서 깊어졌는데, 캄브리아가 끝날 무렵인 약 4억8,500만 년 전 쯤, 영월 쪽에 석회질물질이 두껍게 쌓이면서, 두 곳이 모두 얕고 평탄한 바다로 변했던 것이다. 그 결과 오르도비스기에 오늘날의 태백-영월일대는 넓은 조간대가 되었다.

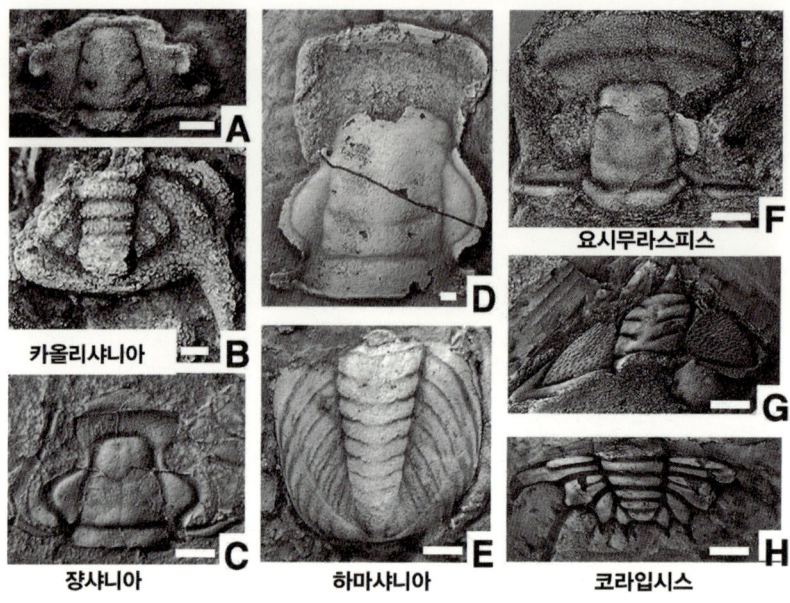

요시무라스피스 F

카올리샤니아 B

샤니아 C

하마샤니아 E

코라입시스 H

태백산분지에서만 나오는 5 속의 삼엽충. 하얀 자는 길이가 2mm이다. - 사진 최덕근 서울대학교 명예교수

(2) 석회암을 보는 최근의 눈은

석회암에는 석회성분이 가라앉아 생긴 석회암도 있다. 그러나 고생대 이후 바다에 생물이 많아지면서, 그 이후에 생긴 석회암의 대부분은 바다에서 살았던 미생물이나 작은 식물이나 조개껍데기나 산호뼈대 같은 생물조각들이 엉겨 붙은 바위덩어리인 생물초(礁)이다.

생물초에도 여러 가지가 있어, 초 전문가 아니면 알아보지 못할 정도의 초도 있다. 예컨대, 태백 석개재 부근 바위에는, 자라나는 모습 그대로 거무스름하게 화석이 된 식물의 초가 있지만, 오랜 동안 초인지 몰랐다. 반면 소롯골에서는 초를 이루는 생물의 종에 따라 우툴두툴하게 손끝에 집히고 색깔이 다른 초도 있어, 꽤 쉽게 알아 볼 수 있다. 이 생물초를 잘

라보면 여러 종의 생물들이 얽혀서 둥글둥글하게 큰 모양이 보인다. 이렇게 미생물들이 얽혀서 만든 바위를 미생물암(微生物岩)이라고 부른다.

과학백과 -- 사층리란?

사층리란 여러 개의 층이 번갈아 엇갈려 기울어진 층을 말한다. 예를 들어, 물이 먼저 쌓인 모래층과 반대방향으로 흘러가면, 그 방향을 따라 먼저 쌓인 모래를 깎아내고 모래가 쌓여, 먼저 쌓인 층과 반대방향의 층, 즉 사층리가 생긴다. 사층리는 얕은 곳에서 모래가 움직일 때 주로 생긴다. 그러므로 사층리가 있는 지층을 보면, 과거 그 지층은 물의 흐름이 자주 바뀌는 곳이거나 얕은 곳에서 쌓였다는 것을 알 수 있다. 현재 낙동강이나 한강의 모래밭 단면에서도 사층리를 볼 수 있다. 나아가 사층리는 바람으로도 생겨, 바닷가 모래언덕에서도 볼 수 있다.

2) 쌓이지 않다가 다시 쌓여

(1) 가운데 1억4천만 년 동안의 지층이 없어

태백부근과 영월부근에 있었던 따뜻하고 얕은 바다가 4억6천만 년 전에 없어졌다. 그러다가 석탄기 후기인 3억2천만 년 전이 되어서야 다시 바다가 되어서 지층이 쌓였다. 그러므로 오르도비스기의 중기 끝부터 석탄기(3억5,900만 년 전 부터 2억 9,900만 년 전 사이) 뒷부분에 이르는 약 1억4천만 년 동안의 지층은 없다. 그러므로 우리 땅에서는 데본기(4억1,900만 년 전부터 3억5,900만 년 전 사이)에 살았던 물고기 화석이 나오

이 퇴적암지층은 지각변동을 받아 습곡되고 융기된 다음 침식되어 노출되었다. 휘어진 층리가 잘 보인다.

지 않는다.

　반면 정선군 회동리 일대에는 초기-중기 실루리아기에 쌓인 바위가 있다. 회동리층이라고 부르는 이 바위는 주로 석회암으로, 얕은 바다에 쌓여 만들어진 바위이며 두께는 200m 정도이다. 그 다음 고생대 후기에 들어와 태백과 영월부근에는 후기고생대층의 가장 아래층이 쌓였다. 그러다가 태백부근과 영월부근에는 일부 지층들이 없다.

　이는 먼저 그 때 그 곳에 퇴적물이 쌓이지 않았다는 뜻으로, 그 곳이 높아서 깎여나갔다는 뜻이다. 곧 땅 껍데기가 솟아오르는 지각변동이 있어, 땅이 깎였다. 지각변동이란 땅이 솟아나거나 가라앉는 운동을 말한다.

　또는 지층은 쌓였는데, 후에 깎여서 없어졌을 수도 있다. 쌓인 지층이 침식되어 사라진 것은 워낙 오래 전, 이른 바 "지질시대"의 일이라 증거를 찾아내기가 아주 힘들다. 다만 추정할 뿐이다.

이 장의 끝에 있는 표에서 보듯이, 강원도에 있는 고생대 지층은, 지역에 따라, 없는 곳이 있다. 또 그 시기도 조금씩 다르다. 이런 것은 한 곳에는 쌓이고 다른 곳은 깎이고, 시간이 좀 지난 다음에는, 쌓이던 곳이 깎이고 깎이던 곳에 쌓이는 식으로, 환경이 바뀌었다는 것을 뜻한다. 곧 태백과 영월과 정선이 그렇게 멀지 않지만, 그 지역의 바위와 지층이 겪은 역사는 다르다.

(2) 다시 쌓여

드디어 강원도 남동부지방과 그 연결지역인 충청북도 북동부와 전라남도 남서부에서는 고생대에서는 후기인 석탄기 중기부터 페름기의 지층들이 나온다. 그 바위를 평안누층군이라고 부른다. 원래 평안남도 지방에 이 때 쌓인 바위들이 많기 때문에 붙여진 이름이다. 흔히 상부고생대층이라고도 부르는 이 바위의 아래 부분은 얕은 바다에서 쌓였으나, 위의 바위들은 주로 늪이나 하천에서 쌓였다.

그러므로 아래 부분에서는 바다의 바닥에서 사는 작은 동물들이 화석으로 많이 나온다. 반면, 위에서는 기후가 더웠고 늪 둘레에는 양치식물 같은 식물이 많아 식물화석이 나온다. 이 식물들이 죽어 석탄이 되었다. 바로 강원도에서 나오는 석탄은, 석탄기 아닌, 페름기중기부터 뒤에 생장했던 식물들이 늪에 쌓인 다음 눌려서 만들어졌다. 반면 석탄기지층은 바다에서 쌓였기 때문에 석탄이 나오지 않는다. 석탄은 늪에서 생기지 바다에서 생기는 않는다.

2. 하부고생대층은

1) 전기고생대의 바위들과 화석은

(1) 더 오래 된 바위와 만나

　　하부고생대층은 아주 오래된 바위로 그런 특징이 군데 군데 나타난다. 예를 들면, 단양군 단양읍 천동리 소백산 국립공원 입구에서 다리안산폭포로 가기 바로 전에, 다리아래 강바닥에는 고생대바위와 그보다 오래된 바위가 만나는 경계선이 있다. 오래 된 바위는 광물 알갱이가 커, 화강암과 비슷하게 보이지만, 광물이 모인 모양이 다르다. 또한 검은 띠가 희미하게 있다. 이 바위는 원래는 화강암이었으나 큰 압력을 받아 새로운 바위가 되었다. 오래 된 바위의 나이는 약 20억 년 정도이다.

　　이 바위가, 위에서 말한, 고생대 바위인 장산규암과 닿아있다. 장산규암은 고생대가 시작한지 약 2천만 년 정도 지나서, 곧 고생대초기에 쌓이기 시작한 바위이다. 한편 고생대가 막 시작했던 때에 쌓인 바위, 곧 고생대 최하부에 쌓인 바위는 우리나라에는 없다. 만약 고생대 최하부의 지층이 있다면, 우리나라의 지질역사는 더 다채롭고 풍부해졌을 것이다.

고생대지층은 휘어지고 뒤틀리고 흑색 암맥에 뚫렸다. 단양부근에서 볼 수 있는 이 광경은 지금은 철망으로 덮어서 보이지 않는다.

(2) 영월군 북면 가람교 부근에서는

지층이 뒤집어져 -- 영월군 북면 연평동에서 가람교를 지나 공기리 쪽으로 약 700m를 가면, 길 오른쪽에 남쪽으로 약 $40°$로 기울어진 지층이 있다. 경사면의 아래층은 전체로는 진한 회색으로 보인다. 그러나 잘 보면, 누런색이 감도는 두께 5~10cm의 진한 회색 바위와 7~10cm 또는 3cm 정도의 연기 색이나 엷은 회색 바위가 번갈아 나온다. 진한 회색부분은 석회성분이 많아 잘 깎여 골을 만든다. 반면 연기색이나 엷은 회색 층은 잘 깎이지 않아, 두툼하게 솟아있다. 이 지층은 문곡층으로 쌓인 시대는 오르도비스기다.

경사면의 위층은 전체로 허옇고 누르스름한 색깔이다. 아래층과는 달리, 색깔이 다른 얇은 층이 번갈아 나오는 것이 아니고, 두꺼운 덩어리처럼 보인다. 약 200m의 두께인 이 지층은 주로 석회질 물질로 된 바위다. 이 바위는 아래 바위보다 옛날인 캄브리아기에 쌓인 와곡층이다. 그러므로 오래 된 지층이 젊은 지층의 위에 있다. 곧 뒤집어졌다.

가람교 쪽으로 200m 정도를 나오면, 다시 경사면의 아래지층과 같은 진한 회색의 문곡층이 나온다. 그러므로 가람교 쪽으로 나오면서 문곡층-와곡층-문곡층이 쌓였다. 처음에는 오래 된 와곡층이 아래에 있고 그보다 젊은 문곡층이 그 위에 쌓여 정상으로 쌓였다. 그러나 그 지층들이 심하게 휘어졌고 그것도 모자라 끊어지면서, 오래 된 와곡층이 경사면을 따라 밀려 올라가, 젊은 문곡층의 위에 오게 되었다. 경사면의 오른쪽에서는 정상으로 쌓였다. 그러므로 문곡층-와곡층-문곡층의 순서로 쌓인 것이다. 이런 것은 얇은 담요를 방바닥에서 밀어, 밀려올라가 겹쳐지는 것을 상상하면 쉽게 알 수 있다.

까만 점들이 화석 -- 문곡층에서는 삼엽충의 아주 작은 조각들이 화석으로 나온다. 잘 보면 까만색의 작은 점들은 삼엽충이나 다른 생물조각들의 화석이다. 이 조각들이 너무 작고 또 조각으로만 나와 주인공을 밝히기는 쉽지 않다.

크고 작은 완전한 삼엽충 또는 삼엽충조각들을 많이 또 오래 보면, 아주 작은 조각을 보고도 그 조각이 머리인지 가슴인지 꼬리인지를 알 수 있다. 또는 몸의 앞부분인지 뒷부분인지도 알 수 있다. 주인공의 작은 부분을 보고 전체를 그릴 수 있다. 이는 아주 어렵게 보여도, 화석을 많이 봐 화석이 눈에 익으면, 그렇게 어렵지 않다. 그러므로 화석을 공부하려는 사람은 완전한 화석이나 화석조각을 많이 보아야 한다.

신기한 자갈들이 보여 -- 가람교 쪽으로 약 400m를 가서, 길옆의 바위를 잘 보면, 신기한 모양의 연한 회색의 평평한 자갈들을 볼 수 있다. 이 자갈들의 크기는 1~2cm로, 자갈들이 한쪽으로 쓰러져 있는 것이 아니라, 서있거나 비스듬하게 기울어져 있다. 그러므로 자갈들이 물속에서 가라앉았다는 생각은 들지 않는다.

생긴 과정이 의문에 쌓인 문곡층의 평평한 자갈

이 자갈층이 만약 펄이 섞인 물과 함께 흘러와서 가라앉았다면, 무거운 자갈들이 먼저 가라앉으므로, 한 쪽으로 쓰러져야 정상이다. 설혹 자갈들이 먼저 가라앉지 않았드라도 자갈의 긴 면이 바닥에 닿아야 한다.

그러나 이 자갈층의 자갈들은 그렇지 않다. 그러므로 이 자갈은 처음부터 자갈의 모양으로 가라앉지는 않았다는 것이 지질학자들의 의견이다. 이 자갈들은 아마도 어떤 핵을 중심으로 자갈성분이 모인 것으로 생각된다. 그러므로 자갈과 그 바탕은 같은 물질로 보여, 이 물질이 쌓인 뒤에 자갈모양이 생긴 것으로 보인다. 그러면서 자갈들은 쓰러지지 않고 서있거나 비스듬하게 기울어진 것으로 생각된다. 그러므로 자갈과 그 바탕은 같은 물질로 보여, 이 물질이 쌓인 뒤에 자갈처럼 된 것으로 생각된다. 그러면서 자갈들은 서있거나 비스듬하게 기울어진 것으로 보인다.

지질학자들은 과거에는 이 자갈들의 모양을 보고 이 자갈을 "평평한 자갈" 또는 "층 사이에 있는 역암"이라는 뜻으로 "층간역암"이라고 불렀다. 최근 발표된 바로는 석회질 물질이나 모래가 섞인 석회질물질이 지진이나 폭풍의 영향으로 교란된 다음, 끊어졌다가 비슷한 성분끼리 모여서 굳어지고 단단하게 되어 그런 자갈이 된다.

(3) 영월군 남면 창원리에는

영월군 남면 창원리 부근에도 문곡층이 있다. 바로 창원리 명전마을인 533번 도로 가의 지층이다. 그 바위에서는 필석류의 화석이 나온다. 필석(筆石)이란 그 모양이 마치 글자를 써놓았거나 체크를 한 것처럼 보인다고 해서 붙여진 이름이다. 현미경으로 보면 둥글게 말린 부분이나 작은 칸 같은 구조가 보여 생물이라는 것을 알 수 있다.

여기에 있는 필석류는 조각조각 떨어져 나오고 크기가 겨우 1~2cm 이다. 또 색깔도 바위색깔과 비슷한 수가 많다. 그러므로 바위를 잘 들여다보아야 보인다. 바위에 물을 묻히거나 얼굴을 돌려보거나 햇빛에 반사시키면 보일 때도 있다. 그렇지 않으면, 지나친다. 그러나 잘 들여다보면, 가지가 보이고 가지가 굵어지고 가늘어지고 연결된 부분이 보인다. 또 마치 짧은 평행선을 많이 그려놓은 것 같은 특별한 무늬나 그 부분이 파여 작은 홈을 만든 것처럼 보이기도 한다.

필석화석은 여기 말고도 영월군과 정선군 사이에 있는 직운산 부근에서도 나온다.

영월 문곡층에서 나온 필석화석 - 사진 김정률 교원대학교 교수

과학백과 -- 필석은

필석은 무척추동물과 척추동물의 사이에 있는 아주 유치한 원시동물이다. 이 생물은 중기캄브리아기부터 전기석탄기까지 살다가 없어졌다. 바닥에 붙어서 사는 부류의 완전한 모습이 마치 불규칙한 나뭇가지처럼 보인다. 물에 떠서 사는 부류는 모양이 마치 둥근 부이를 띄워놓고 그 아래에 매달려 있는 것처럼 보인다. 물에 떠서 사는 부류는 전 세계에 걸쳐 살았고 빨리 진화해, 시대를 아는 데에는 아주 좋은 화석이 된다. 반면 바닥에서 살았던 부류는 물의 깊이나 수온 같은 환경을 가리키는 화석으로 가치가 높다. 필석이 가장 많았던 때는 오르도비스기에서 실루리아기까지다.

(4) 태백시 구문소 강바닥에는

바위가 신기해 -- 태백시 장성동쪽에서 흘러오는 황지천이 철암동 쪽에서 흘러오는 철암천을 만나는 곳이 구문소(求門沼)이다. 구문소란, 전설에 따르면, 용궁의 입구이다.

구문소에서 장성동쪽으로 조금 올라 온 강바닥에서는 신기한 것을 볼 수 있다. 바로 고생대 지층이 동쪽강바닥에 하류 쪽으로 마치 계단처럼 비스듬하게 기울어져 나타나기 때문이다. 이 지층은 오르도비스기의 아래쪽에 해당하는 막골석회암이다.

태백 구문소에 이르는 강바닥의 지층은 하부고생대 막골층으로 화석과 신기한 퇴적구조가 많아 연구할 것이 많다. - 사진 우경식 강원대학교 교수

지층면이 상류 쪽으로 기울어져 있으므로, 하류 쪽이 먼저 쌓인 지층이다. 아래쪽 지층면을 잘 보면, 회색바탕에 갈색으로 된 부분이, 아주 불규칙하게 섞여있는 것을 볼 수 있다. 원래는 석회성분이 쌓인 곳에 생

물들이 구멍을 뚫고 살았고, 그 생물이 그 구멍을 떠난 다음, 그 자리에 광물성분이 가라앉아 굳어서 지금 보는 것과 같은 바위가 되었다. 그러므로 불규칙한 갈색 부분은 생물이 살았던 구멍의 흔적이다. 또 현미경으로 보면 생물껍데기들의 작은 조각들이 보인다. 생물의 흔적이 많은 이 부분은 아주 얕았던 곳으로 생각된다.

가운데부분에서는 바닥이 말라서 불규칙하게 갈라진 손바닥 반 크기의 흔적도 보인다. 또 잘 보면, 가는 줄을 가진 남세균이 만든 스트로마톨라이트도 있다. 이 구조는 아주 가늘지만 평행해서, 다른 부분과 다르다.

화석이 입체로 나와 -- 바위 속에 있는 삼엽충은 보통 눈에 보이는 부분만 연구한다. 삼엽충만 따로 파내기 힘들기 때문이다. 그러므로 뒷면이나 두께나 전체크기나 각도 같은 것은 알기 어렵다. 그러나 화석이 탄산칼슘($CaCO_3$) 아닌 이산화규소(SiO_2)로 바뀌는 경우, 염산에 녹지 않아 삼엽충 몸 전체가 화석으로 나온다. 곧 구문소 건너편 태백시 자동차 경주장 부근의 바위에서 나오는 삼엽충화석이 그런 화석이다. 삼엽충이 1mm 정도로 아주 작아도 현미경으로 보면, 머리와 몸통과 꼬리가 아주 잘 보인다. 또 몸통에 붙은 여러 쌍의 발도 보인다.

이 삼엽충화석들은 삼엽충 전체가 화석으로 나온다는 점에서 아주 새로운 연구재료이다. 바로 몸의 여러 부분을 재어, 어떻게 성장했나를 알 수 있기 때문이다. 곧 삼엽충의 머리 길이와 두께와 각도도 잴 수 있고 평면에서는 보이지 않는 부분을 들여다보고 잴 수 있기 때문이다.

단층이 보여 -- 구문소에서는 단층을 볼 수 있다. 곧 최
근에 황지천 위에 만든 다리 위에서 황지천의 양쪽을 보면, 양쪽의 지층
이 다르게 놓여있다는 것을 알 수 있기 때문이다. 바로 황지천의 왼쪽의
바위절벽을 만든 지층은 황지천 바닥처럼 45°정도로 기울어진 반면,
장성동쪽으로 가는 길 건너편의 바위는 거의 수직으로 서 있기 때문이
다. 그러므로 이 두 지층은 연결되지 않는다. 만약 두 지층이 연결된다
면, 지층의 경사가 그렇게 다를 수가 없다.

구문소 왼쪽의 검은 바위와 사진의 오른쪽 2/3를 차지하는 덜 검은 바위사이로 단층이 지나간다. 두 바위의
표면상태(암상)가 크게 다르다. 또 지층의 기울어진 정도가 크게 다르다. 그러므로 이 바위들이 같은 지층이 아
니라는 것을 알 수 있다. 단층에서는 단층점토가 생겼고 단층점토에서는 식물이 생장한다.
사진 우경식 강원대학교 교수

또 석회암을 많이 연구한 우경식 강원대학교 교수의 사진을 보면, 황지천 물이 흐르는 곳 양쪽 바닥의 바위에서 길 쪽 바닥, 곧 왼쪽바닥의 바위는 거의 직각으로, 바로 그 옆의 바위를 경계로 지층이 잘라졌다는 것을 알 수 있다. 곧 단층이 그 곳을 지나간다. 그러므로 그 양쪽의 지층이 놓인 모습이 달라졌다. 황지천은 바위가 갈라져 약해진 틈을 따라 흐른다. 지층이 단층으로 갈라진다는 것은 바위가 깨어져 끊어지는 것이므로, 그 부분은, 다른 곳보다 약하기 때문에, 더 빨리 더 많이 깎이므로 그 곳으로 물이 흐르는 게 보통이다. 그 곳에는 최근 태백시가 지은 태백고생대자연사박물관도 있다.

과학백과 -- 단층을 찾는 법은?

바위가 새로이 나타난 곳에서는 작은 단층을 알아보기 꽤 쉽다. 그러므로 새로 난 고속도로변에서 단층들을 쉽게 찾을 수 있다. 그렇게 크지 않은 단층은 같은 지층의 경사나 단층면을 보아서 알 수 있다. 단층면은 바위가 잘라진 면으로, 매끈한 수가 많기 때문에 단층이 있다고 생각되는 부분에 매끈한 면이 있다면 단층면일 수 있다.

또 다른 단층의 증거가 있다. 바로 단층각력암이다. 이 바위는 단층이 만들어지는 순간 바위가 부스러지고 깨어지고 갈라지면서 생기는 모가 난 자갈로 만들어진 바위를 말한다. 또 단층이 많은 지역에서는 바위가 단층면을 따라 부스러져 생긴 단층점토를 찾을 수 있다. 단층점토는 완전히 돌가루로서 물이 섞이면 아주 무거워지고 죽처럼 흘러내리고 발이 빠진다. 단층점토 대신 부스러지기 일보 직전의 바위도 있다. 어린애도 그런 바위를 부스러뜨릴 수 있다.

위에서 보다시피, 단층이 있는 곳은 바위가 보통 깨어지고 약하다. 그러므로 쉽게 풍화되어 무너지고 빗물로 파이고 흙이 생겨 식물이 생장한다. 곧 지면에서는 흙과 풀로 덮여서 단층을 알아 볼 수 없지만, 지층과 바위를 잘 들여다보면 단층을 알 수 있다.

또 겉으로는 단층의 증거가 없어도, 가까운 지층에서 암상이나 화석이 급하게 달라지면 단층을 생각해야 한다.

아주 큰 단층은 지질을 조사하면 알 수 있다. 예컨대, 지표에 나타난 바위의 분포가 단층이 아니고는 이치에 맞게 해석이 되지 않을 때는, 단층을 생각해야 된다.

2) 석회암지대는

(1) 산이 높고 아주 험해

충청북도 단양군 가곡면과 영춘면을 포함한 단양군과 영월군일대의 남한강변은 산들이 아주 높고 깎아지른 절벽으로 되어 있다.

석회암은 물에 쉽게 녹는다. 그러므로 빗물에 매끈하게 깎인다. 나아가 우리나라 같은 온대지방의 석회암지대는 지형이 아주 험하다. 침식되기 전 원래의 지형이 높았고, 물이 흐르면서 고르게 침식된 것이 아니라, 골짜기만 깊게 침식되기 때문이다. 그러므로 높은 봉우리와 깎아지른 절벽이 석회암지대에서는 함께 나온다. 회색의 바위와 절벽표면은 미끈하게 보여, 빗물에 오랜 동안 씻겼다는 것을 보여준다.

또 하나 석회암지대에서 눈에 띄는 현상이 바로 석회암 절벽은 잘 무너져 내리지 않는다는 사실이다. 예컨대, 사암이나 셰일로 된 절벽은 잘 무너져 내려서, 바위조각이 절벽아래에 쌓인다. 이유는 사암은 작은 모래알갱이가 굳어진 바위로, 알갱이들을 결합시킨 물질이 녹으면서 바위 자체도 꽤 쉽게 부서지기 때문이다. 셰일은 얇은 광물들이 쌓여서 굳어진 바위이므로 광물조각들을 결합시킨 곳을 따라 쪼개지거나 깨어진다. 그러나 석회암은 석회성분이 가라앉아 생기면서, 물에 녹기는 해도, 잘 깨어지지는 않는다. 그러나 석회암이든 아니든 절벽 아래에서는 조심해야 한다.

(2) 동굴이 있어

석회암이 녹아서 -- 땅으로 흘러든 빗물은 땅속의 석회암을 녹여내어 깎아, 강원도와 충청북도에는 지하석회동굴이 유난히 많다. 삼척 초당굴이나 영월 고씨굴, 단양의 고수동굴과 온달동굴과 노동굴과 평창의 백룡동굴, 태백시의 용연굴과 삼척시의 대이리 동굴지대의 동굴 모두가 석회동굴이다. 이 외에도 이름 없는 석회동굴들이 남한강과 영월군 동강을 따라 많이 보인다. 또 울진군의 성류굴도 석회동굴이다. 삼척시에서는 동굴을 자랑하려고 국제잔치도 했다.

석회동굴이 많은 곳에는 물이 땅속으로 빠져나가, 개울이 없어지는 수도 있다. 예를 들면, 정선군 정선읍 용탄리를 지나 비룡동으로 올라가다 보면, 오른쪽에서 내려오던 개울이 갑자기 없어진다. 이는 개울물이 개울바닥에 있는 석회암이 녹은 빈틈으로 잦아들었기 때문이다. 그러나 다시 올라가면 개울이 나타난다. 개울물은 땅속에 있는 구멍을 흐르다가 그 구멍이 끝나면서 다시 솟아오른 것이다.

석회동굴이 언제 만들어졌을까 궁금하다. 아직 많은 연구가 된 것은 아니지만, 종유석이나 석순의 나이를 재어본 결과, 수십만 년에서 오래되어보아야 100만~200만 년을 넘지 못하는 것으로 보인다. 그때라면 빙하기가 시작되었을 때인데, 우리나라도 기온이 낮아지고 비가 많이 왔는가? 어떻든 그 때 지구나 우리 땅에 큰 변화가 생겨, 지하수가 흘러들기 시작해, 바위가 녹기 시작하고 그 성분이 가라앉은 것으로 보인다. 한편 석순 1mm 성장에 5~7 년이 필요하다고 한다.

동굴을 보호해야 -- 유고슬라비아에 많은 카르스트지형이 우리나라에도 있다. 바로 대부분의 땅이 석회암으로 된 충청북도에 많아, 단양군 가곡면 여천리 여천초등학교의 서쪽지역, 곧 여천초등학교에서 상괴리로 가는 길의 남쪽은 그렇게 높지 않으나, 석회암이 침식되어 둥글게 무너져 내린 구덩이들이 돌리네이다. 또 단양군 매포읍 고양리에도 있고 여천리 못밭 동네에서 매포읍 새터 마을로 나가는 길은 돌리네 사이를 지나간다. 또 영월군 남면 창원리 솔갱이동네의 북쪽-영월군 서면 후탄리 남쪽에도 있다. 석회암이 더 심하게 물로 깎이면 지형이 더 험해져 사람이나 자동차가 지나가기가 쉽지 않다. 그런 곳이 정선군 남면 무릉 2리의 발구덕과 같은 군의 임계면 백봉령과 평창군 미탄면 창리 돈너미와 삼척시 노곡면 여삼리에도 있다.

우리가 신기하고 아름다운 석회동굴들을 오래 보려면, 그 동굴들을 보호해야 한다. 바로 사람이 내어 쉬는 숨 속에 많은 이산화탄소와 수분이 석순과 석주와 동굴 벽을 상하게 하기 때문이다. 또 켜놓은 전등 불빛을 따라 식물이 자라나 동굴 벽의 색깔이 바뀌고 굴에서 살아가는 동식물에게도 좋지 않은 영향을 미치기 때문이다. 그러므로 프랑스 남서쪽에 있는 동굴에서는 굴을 구경하는 사람을 하루에 700 명으로 제한한다. 우리나라도 그런 관심과 노력이 필요하다.

사람의 화석이 나와 -- 석회동굴 속에서는 몇 만 년 전에 살았던 사람이나 동물들의 화석이 나오는 일이 있다. 동굴 속에 장례를 지냈거나 사람이나 동물들이 동굴 속에서 죽었기 때문이다. 예를 들면, 1983년 청원군 문의면 두루봉 부근에 있는 흥수굴에서 어린아이의 화석이 발견되었다. 이름이 흥수인 이 아이의 키는 110cm가 넘어 다섯 살 정도로 생각된다. 약 4만 년 정도 된 이 골격화석은 우리나라는 말할 것도 없고 아시아에서도 발견된 가장 완전한 사람의 골격화석이다. 근처에 있는 동굴에서는 코끼리와 원숭이의 뼈화석들도 나왔다. 또 단양군에 있는 구낭굴에서는 호랑이의 뼈가 화석으로 발견되었다.

(3) 시멘트원료가 돼

매년 산 하나가 없어져 -- 중앙고속도로를 타고 제천을 지나 단양 쪽으로 내려오다 보면, 왼쪽, 곧 동쪽 멀리 산꼭대기가 평평해지고 허옇게 깎여나간 것을 볼 수 있다.

바로 고생대전기에 쌓인 석회암을 파내었기 때문이다. 주성분이 탄산칼슘인 석회암은 우리가 잘 알다시피 시멘트의 원료다. 그러므로 쌍룡시멘트와 한일시멘트와 성신양회 같은 큰 시멘트공장들이 충청북도에 모여 있다.

그러나 모든 석회암이 시멘트의 원료가 되는 것은 아니다. 석회암 속에 있는 산화칼슘성분(CaO)이 최소한 46%를 넘어야 된다. 만약 산화칼슘이 50%를 넘으면 화학공업용이 되어 강철을 만들거나 종이를 만드는데 쓰인다. 예컨대, 영월군에 있는 석회암이 그런 석회암이다. 석회암의 질이 좋으면 아주 하얗고 치밀하며 덩어리 같은 느낌이 든다. 위에서 말한 깎인 산 가운데 하나가 우리나라에서 가장 좋은 석회암이 되었던 갑산층의 이름이 유래된 갑산이다.

우리나라는 1년에 9천만 톤에서 1억 톤 정도의 석회암을 파낸다. 석회암 9천만-1억 톤이라면 작은 산 정도의 크기다. 그렇게 많은 석회암을 캐면서 단양이나 영월 부근에서는 산이 거의 다 없어졌다. 또 영월부근의 산길을 걸어보면, 석회암을 캐고 시멘트를 만들면서 생긴 돌가루가, 나뭇잎 위에 보얗게 덮여 있다. 9천만 톤 가운데 거의 80%가 시멘트를 만드는 데 쓰인다.

석회암을 발파하는 광경은 마치 언덕이 무너지는 장면을 머릿속으로 상상하면 어느 정도는 이해된다. 발파전문기술자들이 발파할 양을 고려하여 곳곳에 파놓은 구멍에 집어넣은 화약을 순서에 맞추어 폭발하도록 점화한다. 화약의 폭발력이 워낙 강해서 석회암은 쉽게 깨어지고 무너져 내린다. 그래도 순간의 실수가 삶과 죽음을 갈라놓는지라 발파전문 기술자들이라도 발파가 끝날 때까지는 대단히 긴장한다.

성분에 따라 -- 석회암에도 당연히 질이 좋고 나쁜 석회암이 있다. 석회암의 질을 떨어뜨리는 것이 바로 칼슘과 마그네슘이 탄산과 결합된 광물인 백운석($CaMg(CO_3)_2$)이다. 백운석에는 마그네슘성분이 13% 정도 들어있다. 백운석에서는 칼슘원자가 모두 마그네슘원자로 바뀌지 못하면서, 광물의 구조가 불규칙해진다. 그러므로 백운암은 석회암보다 풍화에 약하다. 그래서 능선의 대부분은 석회암으로 되어있고 골짜기는 백운암으로 되어있다.

우리나라 고생대지층에는 석회암도 많지만, 백운석으로 된 백운암도 많다. 그러므로 우리나라에서 석회암이라고 생각되는 바위의 상당부분은 백운암이라고 생각할 수 있을 정도이다.

석회암은 성분에 따라 냄새나 모양이 달라, 산화마그네슘이 아주 많은 석회암에서는 화약이나 마늘냄새가 나며 연한 녹색의 아주 얇은 막이 생긴다. 또 깨어진 바위의 표면이 각이 져 날카로워도 어딘지 모르게 부드럽게 보인다. 반면 산화마그네슘이 적고 산화칼슘이 많은 석회암은 끝이 날카롭게 보인다.

산화마그네슘이 너무 많은 석회암으로는 시멘트를 만들 수 없다. 석회암을 태우는 과정에서 마그네슘성분이 뜨거운 화로의 벽에 들어붙기 때문이다. 그 마그네슘 덩어리를 손으로 일일이 깨어 내기는 쉽지 않다. 그러므로 시멘트공장에서는 마그네슘 덩어리를 간간이 총으로 쏘아 떨어뜨린다.

과학백과 -- 석회질 모래가 엉겨 붙어

석회암의 상당부분은 석회질로 된 생물껍데기들이 모여서 굳어진 것이다. 그러나 우리나라 주변의 해류는 수온이 꽤 낮아서 생물기원의 물질들이 석회암으로 되는 것을 볼 수 없다. 반면 해수가 따뜻한 해변에서는 생물조각들이 석회암이 되는 것을 쉽게 볼 수 있다. 그런 곳 가운데 한 곳이 플로리다해변이다. 플로리다해변은 아주 보드라운 모래로 되었으며, 그 모래가 하

얀 설탕 같아 사람들이 "설탕해변"이라고 부른다. 아주 아름다워 눈이 부신 그 해안에 있는 모래의 주성분은 주로 조개나 소라의 껍데기나 갑각동물의 뼈 같은 생물체조각들이다.

플로리다 해변의 물속에서는 빠르면 2주일, 늦어도 두 달이면 조개껍데기가 엉겨 붙어 단단해진다. 바로 그 곳에 있는 조개껍데기들은 2주일이라는, 우리의 상상을 넘어서는, 아주 짧은 시간에 바위가 되는 첫걸음을 떼는 격이다. 또 화석이 된다.

조개껍데기가 엉겨 붙으려면 먼저 조개껍데기를 붙여주는 풀이 있어야 한다. 바로 물속에 녹아있는 칼슘이온(Ca^{++})이 풀이다. 플로리다해변의 물은 투명하고 맑게 보여도 탄산이온(CO_3)과 칼슘이온이 아주 많이 녹아 있다. 그렇게 많은 칼슘이온들이 탄산이온과 결합해서 부근의 조개껍데기들과 모래알갱이들을 붙인다.

3. 상부고생대층은

1) 후기고생대의 바위와 화석들은

(1) 수직으로 선 바위

하부고생대층을 덮는 상부고생대층은 전자보다 좁아 우리나라에서는 강원도 남동부와 충청북도 북동쪽과 전라남도 남서부에 있다. 이 바위는 생긴 시대도 다르지만 환경도 달라 특징이 있다.

먼저 영월군 북면 마차리에서 영월광업소를 지나 북동쪽으로 4km 정도를 가 문암교를 지난 직후 길 바로 왼쪽 옆에 4층 높이의 붉은 색 절벽이 서 있다. 이 절벽은 고생대 석탄기의 요봉층이다. 이 지층은 자주색사암과 셰일과 자갈바위(역암)로 되어있다. 자갈바위를 잘 보면, 커 봐야 4~5cm 크기의 동글동글한 자갈이 보인다.

이 절벽은 길옆 냇가에서, 하부고생대인 영흥층과는 단층으로 만난다. 그러나 단층면 같은 단층의 증거는 냇가의 자갈에 덮여 찾기 힘들다. 그래도 그 위의 지층이 그 전에 쌓인 지층과 직접 만나는 것을 보아, 시대가 다른 두 지층이 만나는 방법의 하나인, 단층으로 만난다는 것을 알 수 있다.

영월군과 평창군의 경계지역인 밤치에는 고생대 석탄기의 바위인 밤

수직으로 서 있는 고생대 석탄기 요봉층. 오른쪽 사진은 왼쪽 사진의 가운데 아래쪽 동글동글한 자갈들이 보이는 곳을 확대해서 찍은 사진이다.

치층이 나온다. 색깔이 주로 회색, 또는 진한 회색으로 셰일과 모래바위(사암)와 석회암으로 된 이 바위에서는 방추충과 코노돈트와 산호와 바다나리의 줄기가 화석으로 나온다. 세포 한 개로 된 동물인 방추충(紡錘蟲)은 크기가 3~4mm 정도에 모양이 럭비공 같아, 바위를 잘 들여다보면, 바위 면에서 삐죽삐죽 나와 눈에 보인다. 바다나리의 줄기화석은 지름 5mm 정도의 둥근 원으로 보인다. 바다나리는 그런 둥근 줄기가 많이 연결되어 몸을 이루는 데, 대개 그 하나하나가 갈라져 화석이 된다.

만약 방추충의 화석이 보이지 않으면 그 바위는 판교층이다. 판교층은, 앞에서 말한, 요봉층의 위에 있으며 밤치층의 아래에 있는 지층이다.

(2) 평창군에는

413번 지방도로를 따라 밤치를 넘어 평창군 미탄면 창리 세거리의 길거리 옆에 있는 바위에서도, 단층으로 층이 되풀이되어, 영흥층과 요봉층과 판교층이 나온다. 세거리의 서쪽으로는 주로 요봉층이 있는 데, 위에서 말한, 요봉층의 특징인 붉은 색 셰일과 흰색의 사암과 얇은 회색의 석회암이 있다. 그 가운데서도 가운데 아래쪽에 해당되는 곳에서는 두께 30m 정도의 얇은 회색의 석회암이 나온다. 이 석회암에는 시대를 가리키는 방추충화석이 많으며 세포가 한 개인 작은 동물과 산호와 완족동물의 화석이 나온다.

창리 세거리에서 42번 국도를 따라 평창읍으로 가면서 멧둔재를 넘기 전에 길거리 바위에서도 요봉층과 판교층을 알아볼 수 있다. 요봉층은 붉은 색 셰일과 얇은 회색과 흰색의 석회질바위(석회암)와 초록색이 감도는 회색의 석회질 바위와 초록색 모래바위(사암)로 되었다. 이 바위에서도 방추충화석이 나온다. 바로 바위 면에 오톨도톨하게 솟아있어 손으로 그 오톨도톨한 것을 쓸어보면 손끝이 부드러워지는 기분이 든다. 이 바위에서는 지하수가 단층면을 따라 스며들어 특이하게 풍화된 모양을 볼 수 있다.

멧둔재 터널을 지나 평창 쪽으로 가는 왼쪽(북쪽) 길가에 있는 회색의 석회질 바위에서는 방추충과 산호의 화석이 있다. 방추충 화석들은, 위에서 말한 대로 오톨도톨하게 나타나고, 잘 보면 산호의 둥그스름한 구조가 보인다. 또 멧둔재 터널을 지나 20m 정도 간 도로 가에 있는 높이 2m 정도의 석회질 바위절벽에서는 산호화석이 많이 나온다.

이런 바위와 화석들로 보아, 이 지층들이 약 3억 년 전에 산호가 살만한 얕고 따뜻한 바다에서 쌓였다는 것을 알 수 있다. 또 방추충이나 바다나리와 코노돈트 같은 동물들도 사는 곳을 짐작할 수 있다. 산호와 방추충은 얇게 갈아서 안의 모습을 들여다본다. 산호는 자르는 방향에 따라, 사방으로 뻗은 벽이 있는 내부모습이나 아래위로 늘어선 작은 방들을 볼 수 있다. 산호와 방추충은 눈에 보이지만, 코노돈트는 워낙 작아 보이지 않으므로 바위를 묽은 빙초산용액으로 녹인 다음 체로 걸러, 체에 걸린 것에서 현미경으로 일일이 골라낸다.

과학백과 -- '코노돈트'란?

코노돈트란 가늘고 볼록볼록하고 뾰족하거나 휘어졌으며, 대부분이 낱개로 나온다. 그러므로 어느 부분인지 몰랐다. "동물의 이빨이다!" "아니다! 전연 다른 부분이다!" 하는 여러 의견이 있었다. 그러다가 1982년부터 이 조각들이 결합된 완전한 모양의 화석이 영국과 남아프리카에서 발견되었다. 그 결과 코노돈트가 길이 10cm 정도의 가늘고 긴 원시척추동물의 이빨이라는 것을 분명히 알게 되었다. 코노돈트가 1856년에 처음 발견되었는데, 거의 130년이 지나서야 동물의 어느 부분인지를 바로 알게 되었다.

(3) 단양군 단양읍 고수리 길가에는

국도 595번 도로를 따라 단양군 단양읍 고수교에서 고수재 쪽으로 300m 정도 온 고수리의 길가에서는 후기고생대 지층의 맨 아래층인 석탄기의 만항층을 볼 수 있다.

만항층은 주로 붉은 색 셰일이 많으며 가끔 흰색이나 연한 갈색의 석회암이 셰일 사이에 끼어있다. 또 엷은 황색이며 주로 큼직한 석영과 장석이 들어있는 석영반암이 이 지층을 두께 2m에서 4m로 몇 번 뚫었다. 석탄기를 가리키는 여러 종의 코노돈트가 나오는 만항층의 두께는 80m가 되지 않는다.

만항층에서 그 위에 쌓인 금천층으로 가면서 색깔이 진해지는 것이 특징이다. 금천층을 만든 바위는 주로 회색 셰일과 알갱이가 작은 사암과 석회암으로, 위로 갈수록 석회암이 많아진다. 이 바위에도 석영이 있는 반암이 3m에서 5m 두께로 몇 번 뚫고 들어왔다. 이 지층의 가장 위에 있는 석회암에서는 산호와 방추충과 코노돈트 화석을 한꺼번에 볼 수 있다. 방추충과 코노돈트 화석은 눈으로 알아보기 힘들지만, 크기 1~2cm인 산호화석은 아주 많이 나와, 잘 보면 쉽게 알아볼 수 있다.

이 지층의 위에는 페름기의 장성층이 있다. 장성층에는 석탄이 있어, 그 지층이 나무가 많았던 늪지에서 쌓였다는 것을 알 수 있다. 그러므로 금천층에서 장성층으로 가면서, 바다에서 늪지로 바뀌었다는 것을 알 수 있다. 그에 따라 바위도 바뀌고, 살았던 고생물들도 크게 바뀌면서, 화석도 바뀐다. 또 이 장의 마지막에 있는 표에서 보듯이, 장성층과 금천층이 연달아 쌓인 것이 아니라, 그 사이에 틈이 있다.

화석일화 -- 금천층에서 나오는 산호화석에 관련된 일화가 있다. 바로 일본학자들이 1955년 이 지층에서 발견한 산호가 데본기에 살았던 산호라고 발표했던 적이 있다. 그때만 해도 데본기지층은 우리나라에는 없다고 알려졌을 때였다. 만약 그 말이 맞는다면 굉장한 발견이었다. 우리나라 지층과 지질을 다시 써야 할 판이었다. 그러나 정창희 서울대학교 명예교수가 1972년 그 지층에서 석탄기를 가리키는 방추충화석을 발견해, 산호연구에 의문을 표했다. 그러자 같은 해, 일본학자들이 그 산호화석을 다시 잘 관찰한 결과, 그 산호가, 데본기가 아닌, 석탄기의 산호라는 것을 알았다. 결국 우리나라학자가 맞았다.

이 일화는 일본학자가 화석을 몰라서가 아니라, 화석연구가 그만큼 어렵다는 것을 보여준다.

(4) 한 걸음이 2만 년!

　　단양군 가곡면 보발리는 고생대 바위를 보기에는 아주 좋은 곳이다. 바로 상당히 짧은 거리에서 고생대 바위들이 아주 잘 나타나 있기 때문이다. 먼저 남한강의 지류인 보발천을 지나는 향산교를 건너 보발리쪽으로 조금 들어가면 중생대바위가 있다.

　　그러나 그 다음부터는 고생대에 쌓인 마지막지층이 나타나기 시작해, 보발리 안쪽으로는 우리나라에 있는 고생대지층 가운데 가장 아래층인 장산규암층이 나온다. 그러므로 약 8km의 보발리계곡에서 고생대와 중생대 초기에 걸친 3억수천만 년이 넘는 시대에 쌓인 바위가 나온다.

　　따라서 여기에서는 1km에 약 4천만 년 정도의 시간이 흘러가는 셈이다. 다시 말하면 1m를 걸을 때마다 4만 년의 시간이 지나간다. 그러므로 우리의 발걸음을 약 50cm로 잡는다면, 한 걸음 걸을 때마다, 약 2만 년의 시간이 지나가는 셈이다. 보발리에서 걷는 한 걸음은 엄청난 지질시대를 걸어가는 길고도 큰 발걸음이다. 또 빠른 걸음이다.

향산교에서 보발리 안쪽으로 가면서, 위에서 보듯이, 젊은 바위에서 오래 된 바위를 보게 되는 이유는 지층이 남한강 쪽으로 기울어졌기 때문이다. 그러므로 보발리 안쪽 덕가네 동네보다 훨씬 깊이 들어간 안쪽 골짜기에서 향산교 쪽으로 나가면서 이 바위를 보아야, 아래층에서 위층으로, 곧 오래된 바위에서 젊은 바위를 보게 된다. 그러나 큰길가인 향산교에서 안으로 들어가면, 지층을 거꾸로 보게 된다.

2) 석탄이 나와

강원도 남동부지방과 그 연결지역인 충청북도 북동부와 전라남도 남서부에서는 고생대에서는 후기인 석탄기중기부터 페름기의 바위들이 넓게 나온다. 지질학자들이 흔히 상부고생대층이라고도 부르는 이 바위의 아래 부분은 얕은 바다에서 쌓였으나, 위부분은 늪에서 쌓였다.

그러므로 아래부분에서는 방추충을 포함하여 바다에서 사는 작은 동물들이 화석으로 많이 나온다. 반면, 위부분에는 더운 곳에서 잘 자라는 양치식물의 화석이 많다. 이는 고생대 페름기 시대(2억9,900만 년 전부터 2억5,200만 년 전까지) 강원도 태백-영월과 충청북도 단양과 전라남도 화순에는 울창한 숲이 있었다는 증거이다(반면 충청남도의 보령에서 나오는 석탄은 고생대석탄이 아니고 중생대석탄이다.).

석탄이 된 식물가운데 하나가 인목이다. 인목은 나뭇잎이 떨어진 흔적이 마름모꼴이어서 마치 물고기비늘처럼 보이는 나무를 말한다. 나무가 크면 40-50m 높이에 지름이 2m가 넘는다.

석탄기 대표적인 식물. a. 고사리 잎, b. 노목 잎, c. 인목 줄기, - 사진 경보화석박물관

석탄이 나오는 강원도 페름기지층의 화석들을 복원한 당시의 풍경. 1. 석송류, 2-4. 속새류, 5-7. 고사리류,
8. 코르다이트류, 9. 구과식물류 (엄상호, 전희영 1982).

4. 지층이 새로이 발견돼

1) 작은 화석을 연구해

시간이 흐르면서 바위와 화석을 연구하는 사람들이 많아져 당연히 새로운 사실들이 발견된다. 그 가운데 하나가 바로 지금까지 우리나라에는 없다고 믿었던 시대의 지층을 찾아낸 사실이다. 예컨대, 오래 전부터 우리나라에는 고생대 중간 지층이 없다고 믿어왔다. 곧 강원도 태백 부근과 영월부근에 있었던 따뜻하고 얕은 바다가 오르도비스기 후기인 4억6천만 년 전에 없어졌다가 석탄기(3억5,900만 년 전 부터 2억 9,900만 년 전 사이)에서도 후기인 3억2천만 년 전이 되어서야 다시 얕은 바다가 되었고 땅에는 꽤 큰 강이 있어 모래와 자갈이 바다로 흘러들어 두껍게 쌓였다고 믿었다.

그러므로 지질학자들은 4억6천만 년 전부터 3억2천만 년 전인 석탄기 후기에 이르는 약 1억4천만 년 동안의 지층은 없다고 생각했다. 그러므로 "오랜 동안 지층이 없다"는 뜻으로 "대결층"이라고 불렸다.

그러나 그렇지 않다는 것이 1980년대부터 발견되기 시작했다.

첫째 발견은 지금은 세상을 떠난 연세대학교 이하영교수가 발견했다. 이 교수는 1980년대 정선군 회동리 일대의 바위에서 나온 코노돈트를 연구해, 그 바위가 실루리아기(4억4,400만 년 전부터 4억1,900만 년 전 사이)의 초기-중기에 쌓였다는 것을 알아내었다. 회동리층이라고 부르는 이 바위는 주로 석회암으로, 얕은 바다에 쌓여 만들어진 바위이며 두께는 200m 정도다. 그 다음 고생대 후기에 들어와 태백과 영월부근에는 상부고생대 지층의 가장 아래 지층이 쌓였다.

그러나 2012년 가을 지질학회에서는 회동리층이 별개의 층이 아니라, 그 아래의 지층과 같은 지층이라는 주장이 나왔다. 그러므로 회동리층의 시대가 실루리아기가 아닐 수도 있다. 드디어 2019년 가을 회동리층의 지질시대가 과거에 생각했던 것처럼 실루리아기가 아니라 중기오르도비스기에서 후기오르도비스기의 초기라는 논문이 나왔다. 그 결과가 맞는다고 보아야 할 것이다. 사람이 다르면 눈이 달라 같은 화석이라도 다르게도 보인다.

2) 바위의 절대나이를 재어서

둘째 발견은 1990년대 후반에 한국지질자원연구원의 연구원들이 발견했다. 그들은 경기도 연천군일대를 비롯해 경기도 서해안에 많은 바위인 연천층군이 4억~3.75억 년 전에 쌓였다는 것을 알아내었다. 그 전까지는 그 바위를 막연히 "10억 년이 넘는 대단히 오래 된 바위"라고만 생각했다. 그러나 그렇지 않아, 아주 젊어 데본기(4억1,900만 년 전부터 3억5,900만 년 전 사이)의 중-후기에 쌓였다. 그 바위는 석회질 성분이 많은 바위로 화석은 없다. 워낙 압력이 컸고 온도가 높아 화석은 다 없어졌다고 생각되지만, 석회질이 많은 것으로 보아, 바다에서 쌓인 것으로 보인다.

한국지질자원연구원의 연구원들은 지르콘에서 우라늄 238(U^{238})이 45억 년마다 납 206(Pb^{206})으로 변하는 비율을 2차고분해이온질량분석기(쉬림프)로 재어서 위의 사실을 알아내었다. 먼저 연천층의 바위에서 발견한 지르콘 가운데 가장 오래 된 것이 4억 년으로 나왔다. 그 다음 연천층을 뚫고 들어간 검은 운모가 많은 화강암 속에 있는 가장 젊은 지르콘의 나이는 3억7,500만 년이 나왔다. 그 말은 바로 연천층은 3억7,500만 년보다 오래 되었고 4억 년은 넘지 않았다는 뜻이다.

중~후기 데본기의 연천층군이 발견되면서, 우리나라의 지질을 설명하면서 빠지지 않았던, 이른 바, '대결층'이라는 말은 없어졌다. 그 말은 수십 년 전, 우리나라의 바위들과 지층의 절대나이를 잘 모를 때 썼던 말이다.

연천층의 절대연령이 측정된 것은 새로운 분석기기를 이용한 새로운 분석이다. 연구재료를 제대로 얻었다면 의문이 더 있을 수 없다고 보아야 한다. 그러나 회동리층이 학자에 따라 다르게 해석되는 것을 보면서 지질학과 고생물학이 어렵다는 생각이 든다. 모든 지질학자와 고생물학자가 최선을 다하지만 눈에 따라 결과가 크게 달라진다. 서로 자신의 판단이 맞는다고 생각할 것이다. 그러나 그렇지 않은 수가 있을 것이다.

5. 고생대 끝-중생대 초기에는

1) 지각변동이 일어나

고생대 끝인 페름기에는 지상에서 아주 큰일이 생겼다. 곧 지구역사에서 가장 많은 생물들이 사라져 실제 당시 살았던 생물의 96% 정도가 사라졌다. 이른 바 "5대 멸종"의 하나이다.

나아가 고생대 말 지구가 요동치면서 한반도에서는 그 영향이 더 계속되었던 것으로 보인다. 바로 중국과 한반도의 북쪽을 만든 땅덩어리와 양자강남쪽을 만든 땅덩어리가 합쳐졌기 때문이다. 이에 따라 한반도의 북쪽과 남쪽이 한 덩어리가 되어 한반도의 뼈대를 만들었다. 물론 땅 덩어리가 부딪쳐 지층이 끊어지고 휘어지고 솟아오르고 부스러졌고 복잡해졌다.(그러나 이에는 상당한 반론, 예컨대, 한반도 중부를 지나가는 충돌대에 관한 뚜렷한 증거가 없어, 곧 절대연령만 그 시기에 비슷하게 나온다 뿐이지 지질학적 증거는 없다는 반론이 있다. 또한 남북한이 모두 한중지괴의 일부라는 의견도 있다.) 우리나라의 거의 모든 지질학자들이 믿는 송림지각변동이라는 거대한 지각변동이 중생대의 시작인 트라이아스기의 말기에 있었기 때문이다. 이 지각변동으로 한반도 북쪽의 주요한 산맥들, 예를 들면, 적유령산맥, 묘향산맥, 언진산맥이 생겼다. 이 산맥들의 방향은 동북동-서남서 방향으로 요동방향이라고 한다. 또 산맥들 사이 여기저기에 생긴 분지에는 쥐라기 지층이 조금씩 쌓였다. 쥐라기는 지금부터 2억100만 년 전부터 1억4,500만 년 전까지를 말한다.

이 장의 끝에 있는 표는 태백과 영월부근의 고생대지층들이 쌓인 순서이다. 표에서 보듯이, 지역에 따라, 지층이 여러 번 쌓이지 않았다. 또 그 시기도 조금씩 다르다. 이런 것은 한 곳에는 쌓이고 다른 곳은 깎이고, 좀 시간이 지난 다음에는, 쌓이던 곳이 깎이고 깎이던 곳에 쌓이는 식으로, 환경이 바뀌었다는 것을 뜻한다. 곧 태백과 영월과 정선이 다 강원도에 있고 그렇게 멀지 않지만, 그 지역의 바위가 겪은 역사는 다르다.

2) 전체를 파악해야

지금 지역과 바위가 가깝다고 해서 옛날에도 가까웠던 것은 아니다. 아주 멀었드라도 지각변동으로 가까워 질 수도 있기 때문이다. 예컨대, 영월과 태백이 지금 40km 정도 떨어졌으므로 고생대초기 5억 년 전에도 40km 떨어졌던 것은 아니다. 훨씬 멀 수도 있다.

퇴적물이 운반되어 얕은 바다에 쌓인 다음 가라앉아 바위가 되고 지각변동으로 휘어지고 끊어지고 두꺼워지고 얇아지고 밀리고 잘리고 없어진다. 물론 이런 지각변동은 커다란 부분의 지각이 부딪치는 경우 더욱 뚜렷하며 지각 내의 위치에 따라 지각변동의 세기도 달라진다.

지각변동이 심하면 지층의 아래위도 알아보기 힘들 정도이다. 지층의 면을 찾으면 상하층을 알 것 같아도, 지층과 바위가 복잡해지면 지층의 면을 찾기가 쉽지 않다. 실제 강원도 정선 지역에서는 석회암 지층의 아래 위를 알아보기 지극히 힘들다.

그렇게 복잡한 곳의 지질을 알려면 먼저 호기심과 열정이 있는 지질학자들과 학생들이 사명감을 가지고 골짜기 골짜기를 오르내리면서 바위의 특징들을 열심히 관찰하고 기록하고 화석을 찾아야 한다. 그 다음에는 특징 있는 바위와 돌조각들을 연구실에서 잘라 현미경으로 특징을 들여다보고 끈질기게 작은 화석을 찾아야 한다. 지질학은 현장에서 채집한 바위와 화석을 연구하는 학문이다.

과학백과 -- 석영맥과 방해석암맥은

바위 속에는 흔히 하얗고 가는 줄들이 불규칙하게 있다. 그 줄을 "바위 맥"이라는 뜻으로 암맥이라도 부른다. 암맥을 만든 성분은 보통 석영이거나 방해석이다. 암맥은 두 가지 방법으로 만들어진다.

첫째는 바위가 힘을 받아 틈이 생기면, 바위 속에 있는 2산화규소(SiO_2)나 탄산칼슘($CaCO_3$)이 바위 속에 생긴 틈 속에 모여서 각각 석영 암맥과 방해석암맥을 만든다. 바위가 밀리거나 뒤틀리면 틈이 생긴다.

둘째는 바위 바깥에 있는 석영이나 방해석의 성분이 바위 속의 약한 부분을 따라 생기는 틈 속으로 들어가 암맥이 된다. 이 때 바위가 강하면, 암맥은 마치 빛이 꺾이는 것처럼 꺾인다. 또 굵은 암맥도 그 부분을 지나갈 때는 가늘어진다. 암맥과 그 주위의 바위를 만든 성분을 조사하면, 암맥의 근원과 암맥이 생긴 과정을 알 수 있으며 그 차례를 밝힐 수도 있다.

석영암맥과 방해석암맥은 모두 하얀 색이어서 구별하기 쉽지 않다.

지질을 조사하려고 바위를 깨어내는 망치로 암맥을 긁어서, 암맥이 긁혀 하얗게 가루가 되면 방해석이고, 반대로 망치가 긁히면, 석영이다. 이는 방해석은 쇠보다 훨씬 약한 반면, 석영이 쇠보다 단단하기 때문이다. 망치가 긁히면, 진한 갈색의 금속색깔이 난다. 이는 망치를 만든 강철의 가루색깔이다. 또는 암맥에 묽은 염산을 떨어뜨려, 거품을 내면 방해석이다. 방해석은 주성분이 탄산칼슘으로, 염산에 닿으면 탄산가스거품을 내면서 녹는다. 반면 석영에서는 아무런 반응이 일어나지 않는다.

석영은 우리가 잘 아는 차돌이나 장미석영이나 연수정이나 자수정을 만드는 광물로 아주 단단하다(장미석영은 석영에 망간이 불순물로 약간 들어가 아름다운 빛깔을 낸다). 광물을 비교해서 단단한 정도를 나타내는 모스(Mohs)의 경도계에서 수정은 7이며 방해석은 3이다. 절대굳기로는 석영은 100이며 방해석은 14이다. 절대굳기 1은 활석이며 황옥은 200, 강옥은 400, 다이아몬드는 1,500이다.

6. 강원도 탄광지대는

1) 사람들이 떠나고

석탄은 한 때 우리가정의 가장 중요한 에너지였다. 월동준비로 연탄 몇 백 장을 빠뜨리지 않고 준비했던 것이 그렇게 오래 전의 이야기가 아니다. 우리의 부모님들은 연탄덕분에 추운 겨울을 따뜻하게 보낼 수 있었다.

석탄이 연료로 한창 많이 쓰일 1950년대와 1960년대는 태백 같은 탄광지대는 그야말로 "석탄왕국"이었다. 곧 현재 태백시 소도동 근처는 함태탄광의 왕국이어서, 그 일대가 함태탄광에서 나온 돈으로 살았다.(함태라는 이름은 함백산(1,573m)과 태백산(1,567m)에서 따온 이름이다.) 당시 탄광이 돈을 그렇게 많이 벌자, 석탄회사에서는 광부자녀의 학교생활에 관심을 가졌다. 예컨대, 함태초등학교에 실내체육관을 지어주었고, 농장에서 나온 달걀과 우유를 매일 학생들에게 먹였다. 그 때는 도시락에 프라이한 달걀 한 개를 싸오면 모두가 다 부러워하는 진수성찬이었으니, 달걀과 우유는 대단한 사치품이자 호사였다. 또 지금 우리가 흔히 마시는 신선한 우유는 상상하지도 못했고, 미국이 원조물자로 준 가루우유를 물에 타 먹는 것이 고작이었다. 실내체육관은 꿈도 꾸지 못했을 때

가운데 평탄한 부분은 폐석   폐광부근에 남아있는 폐가들

다. 또 석탄개발에 이바지한 대학교의 지질학과에 매년 겨울 석탄을 한 트럭이나 보낼 정도였다.

그러나 1970년대 중반부터 시작해 1980년대로 들어서면서 우리나라 정부가 에너지를 기름으로 바꾼 뒤, 석탄은 이제는 거의 사라져 가는 에너지가 되었다. 그에 따라 탄광도 문을 닫았고 사람들도 떠났다. 지금은 광부들과 그 가족들이 살았던 마을만 기찻길과 길 주위에 을씨년스럽게 남아 있다. 깨어진 유리창과 버려 둔 어린이자전거와 회색으로 낡아진 건물 벽 따위가 아무도 돌보지 않는다는 것을 한 눈에 알 수 있다. 관광호텔도 부서진 간판을 고치지 못하고 내버려두었다.

2) 언덕이 무너져

석탄을 캐낸다고 모두 질이 좋은 석탄이 아니고, 질이 나쁜 석탄과

흙과 돌이 섞여 나온다. 탄광에서는 그런 것을 폐석이라고 부른다. 탄광 부근에는 폐석이 큰 언덕을 이룬다. 그 언덕이 시간이 가면서 천천히 아래로 흘러내려, 길을 막고 집을 덮칠 위험스러운 일이 생긴다. 바로 2010년 강원도 태백시 도계읍에서 볼 수 있는 일이었다. 그런 언덕이 무너져 내릴 위험은 비가 오면 당연히 더 심해진다. 진흙이 물을 빨아들여 무거워지고 미끄러지기 쉽기 때문이다. 갑자기 무너지면 큰일이다.

그렇게 땅이 무너지는 것을 사람이 막기 힘들다. 돌망태 같은 것을 쌓아도 견디지 못한다.(돌망태 수십 겹을 쌓으면 어느 정도는 막겠지만 그 때뿐이다.) 다만 물이 빠져나갈 길을 만들어주고 표면을 약간 바꾸어 갑자기 무너지는 것을 막을 뿐이다. 근본처방은 집들을 옮기고 길을 새로 내는 것이라 생각되는 데, 그 비용이 엄청나다.

이런 현상은 사람이 대자연의 평형을 깨뜨리자, 대자연이 천천히 평

고도 855m로 우리나라에서 가장 높은 역인 추전역은 그 아래에 있는 탄광갱도가 무너져 내리면, 철로가 가라앉을까 두려워, 철로바닥을 철판으로 엮어놓았다.

형을 다시 찾아가는 과정이다. 바로 대자연이 살아있는 증거이다. 한편 광산폐수가 흘러 강바닥의 색깔을 바꾸고 물고기를 살지 못하게 한다.

이런 재해들을 모아서 "광산재해", 줄여서 "광해"라고 부르는 데, 1980년대가 되어서야 우리가 피부로 느끼기 시작했다. 이제는 이들을 고쳐야 한다. 이제 우리가 가난했을 때, 우리를 따뜻하게 해준 석탄에게 빚을 갚을 때가 되었다. 또 상처를 치료할 때가 되었다.

3) 새로운 길을 찾고 있어

우리나라는 한 때 2,500만 톤의 석탄을 캤으나 지금은 매년 200만 톤도 캐지 못한다.(그나마 머지않아 끝낼 것이다.) 석탄의 필요성이 그렇게 줄어들면서 태백시나 영월 같은 탄광촌들은 한 때 자랑스러웠던 과거를 간직한 채, 지금은 새로운 길을 찾고 있다. 예를 들면, 강원도 탄광지대의 지질과 자연은 강원도 아니면 보기 힘든 것들을 이용하려고 한다.

그런 것 가운데 하나가 바로 태백의 석탄박물관이다. 석탄박물관에는 1960년대 고생했던 광부들의 모습이 복원되어있다. 그 중에서도 출근하는 남편에게 도시락을 주려고 들고 서있는 부인의 모습에는 나도 모르게 숙연해진다. 우리가 어렸을 때는 모두 그들이 캔 석탄으로 추운 겨울을 따뜻하게 보냈다.

석탄박물관과 비슷한 생각으로 강원도의 지질과 자연을 이용한 야외 학습장을 건설한다. 곧 위에서 이야기한 태백시 구문소는 위치도 좋고 볼 것도 많아, 잘 하면 아주 좋은 자연학습장이 될 것이다. 실제 구

도시락을 들고 출근하는 남편이 출근준비를 끝내기를 기다리는 부인. 석탄박물관

문소는 2000년 4월에 천연기념물 417호로 지정되었다. 또 태백시는 2010년에는 고생대의 바위와 화석만 보여줄 태백고생대자연사박물관을 열었다. 이 박물관은 우리나라에서는 처음 지어진 고생대 전문박물관이다.

용연굴처럼 아름다운 석회동굴이 있는 태백시는 여름에는 시원하고 모기가 없고 눈이 오면 경치가 아주 아름다워서, 그런 것으로 사람들을 끌어 모은다. 태백 눈꽃축제가 바로 예이다. 태백산은 등산하기도 어렵지 않고 능선에서는 보기 힘든 주목들도 볼 수 있다.

낙동강 상류를 따라가는 협곡열차 V-train의 시발역인 철암역은 옛날모습을 재현해서 찾아오는 손님들을 반긴다. 철암탄광역사촌의 허름하지만 정겨운 가게와 점포들을 보노라면, 이제는 다시 오지 못할 옛날이 그리워진다. 석탄은 단순히 석탄이 아니고 우리나라가 연료를 기름으로 바꿀 때까지 우리를 따뜻하게 해준 고마운 존재이다. 역사촌에 있는 광부상은 단순한 상이 아니다. 목숨을 내어놓고 검은 석탄을 캐느라 청춘과 생명을 바친 이름을 모르는 고마운 분들을 상징한다.

4) 옛 모습이 사라져

사람들이 떠나고 새로운 길을 찾으면서 동네의 모습도 많이 바뀌었다. 예를 들면, 정부가 1990년대 중반 카지노사업을 허가한 뒤, 현재 동네의 모습과 상당수 주민의 생활은 모두 카지노와 연결되어있다. 곧 정선군 사북역 앞 로타리 한 자리에서만 전당사들이 몇 곳이나 눈에 띈다.(전당사라는 이름이 낯설지만, 전당포보다 훨씬 크기 때문에 이름을 이렇게 붙였을 것이다.) 거기에서는 귀금속, 카드, 자동차를 맡기고 돈을 빌려준다.

버스정류소에는 휴대전화를 맡기고 20만 원(신용카드는 더 많이 준다)을 빌리라는 광고카드가 흩어져있다. "강랜에 가기 전에 연습을 하라"는 문구도 보인다. "우리나라에서 외제차를 가장 싸게 살 수 있는 곳이 정선"이라는 말도 있다.

대중음식점도 24시간 영업을 한다. 마사지를 하는 곳도 여러 곳 있고 출장마사지, 남성, 커플, 가족마사지라는 낯선 이름도 있다. 다방이름도 "딸기"에 "앵두"이다. 게다가 전당사와 마사지를 광고하는 간판들은 거의 모두 원색으로 되어있어 보는 사람들의 눈이 어지럽다. 손님의 눈에 빨리 띄겠다는 뜻이지만, 너무 치열해서 낯설다.

또 사북을 지나가다 보면 엘스, 스타, 인, 아이빌, 스위스, 시즌, 휘닉스 같은 외국이름의 호텔과 모텔이 높게 솟아있다. 들어가 보지는 않았지만 내부시설이 모두 화려하고 고급일 것이다. 숙박비를 아주 싸게 받으면서 카지노까지 무료로 교통편을 제공하는 모텔도 있다. 큰 건물 전체가 안마시술소인 곳도 있다.

한 마디로 카지노일대는 카지노고객을 중심으로 모든 시설이 되어있고 교통편이 있다. 나아가 금전의 위력과 나쁜 면을 빨리 배운다고 생각된다. 곧 일부 젊은이들은 카지노에서 일하면서 쉽게(?) 번 돈으로 어울리지 않게 명품으로 치장한다거나 외제차를 몰고 다닌다고 한다. 당연히 뜻있는 사람들은 눈살을 찌푸린다.

카지노는 주민들의 경제에 어느 정도 도움은 되겠지만, 반면 그 지역의 아름다움이 아주 많이 또 대단히 빨리 사라지고 일부 사람들의 마음도 황폐해진다는 기분이 든다. 이런 점에서 카지노 아닌 다른 방안을 찾아보았으면 좋았다고 생각된다. 조금만 더 생각했더라면, 지역의 특징과 아름다움을 좀 더 보존하면서 경제도 살리는 방법이 있었을 것이다.

석탄일화 — 석탄에 관련된 일화가 하나 있다. 1950년대 말 이승만 대통령께서는 광부들을 격려하려고 영월군 북면 마차리에 있는 대한석탄공사 영월광업소를 방문했다. 당시 이 광업소가 우리나라에서 가장 큰 석탄광산으로, 석탄을 캘 광부들을 훈련시켰다. 그 자리에서 이승만대통령이 주민들의 어려움을 물었다. 그 때 주민들이 마차리에 고등학교가 없어 고등학생자녀들을 영월읍으로 유학을 보내야 한다고 말하자, 이승만대통령은 그 자리에서 고등학교를 세우라고 지시했다. 그러면서 우리나라에서 리(里)단위로 고등학교가 선 곳은 마차리 밖에 없었다. 그만큼 그 때는 석탄이 생활필수품으로 중요했고 국민의 땔감을 대는 탄광을 한창 육성할 때였다. 이 학교가 지금은 마차중학교와 함께 있는 마차고등학교이다.

마차중고등학교 정문과 마차고등학교 명패

태백과 영월부근의 고생대 지층들의 순서

대	지질시대		태백부근		영월부근
	기 (지금부터 시간)				
고생대	2억5,200만 년 전 페름기 2억9,900만 년 전	평안누층군 (상부 고생대 층)		고한층	
				도사곡층	
				함백산층	
				장성층	미탄층
					밤치층
	석탄기 3억5,900만 년 전			금천층	판교층
				만항층	요봉층
	데본기 4억1,900만 년 전	연천군과 경기도 서해안일대에는 데본기 중~후기 사이의 연천층군이 있음. *정선 근처에는 실루리아기의 회동리층이 있음.			
	실루리아기 4억4,400만 년 전				
	오르도비스기 4억8,500만 년 전	조선누층군 (하부 고생대 층)		두위봉층	영흥층
				직운산층	
				막골층	
				두무골층	문곡층
				동점규암	
	캄브리아기 5억4,100만 년 전			화절층	와곡층
				세송층	마차리층
				대기층	
				묘봉층	삼방산층
				장산규암층	

* 데본기와 실루리아기에 해당되는 회동리층은 본문에서 보다시피 의문이 있다. 그러나 2019년 가을 회동리층이 중기오르도비스기에서 후기오르도비스기의 초기라는 논문이 나왔다.

4장

한반도의 남동쪽에 많은 중생대의 바위와 화석

무서운 공룡이 살았던 중생대는 지금부터 2억5,200만 년 전부터 6,600만 년 전까지를 말한다. 하늘에는 익룡이 날아다녔으며 바다에는 암모나이트가 번성했다. 새의 조상인 시조새가 나타났으며 중생대 초에는 소철이나 은행처럼 씨가 보이는 겉씨식물이 아주 많았으나 말기에는 활엽수도 나왔다. 또 약 2억 년 전에는 대륙이 이동하기 시작했다. 우리나라에서는 남동쪽과 남해안에 이때 쌓인 지층들이 많다.

1. 중생대의 화성암들은

1) 화강암은

(1) 아주 아름다워

      화성암 가운데 하나인 화강암은 우리나라 국토의 거의 1/4을 차지할 정도로 가장 많이 나오는 바위의 한 가지이다. 화강암은 장석과 석영과 운모로 되어있고 아주 아름답다. 또 화강암은 광물들이 균질하게 흩어져있어, 어느 특별한 방향으로 쪼개지지 않고, 사람이 어느 방향으로든지 깰 수 있는 특징이 있다. 그러므로 화강암은 건물의 외벽이나 내부를 장식한 데에 많이 쓰인다.

    물이 스며들어 화강암이 풍화될 때에도 고르게 풍화되고 침식된다. 그러므로 화강암은 보통 둥그스름하고 미끈하게 침식된다. 나아가 화강암에는 보통 직각방향이나 그에 비슷한 방향으로 크게 갈라진 틈으로 물이 흐르면서 그 부분이 빨리 풍화되어 풀이나 나무가 자라는 게 보통이다. 이런 광경들은 인왕산이나 불암산에서 잘 보인다.

    둥글둥글하게 깎이는 화강암의 특징이 지형에도 나타난다. 곧 화강암지대에 건설된 도시들이 많다. 예컨대, 원주시와 강릉시와 횡성과 양구와 청주시와 제천시는 도시의 거의 전체가 화강암지대에 건설되었다.

그러므로 그런 도시들은 주위보다 현저히 낮다.

(2) 크게 두 부류의 화강암이 있어

지질학자들은 우리나라의 화강암을 대보화강암과 불국사화강암으로 크게 나눈다.

대보화강암은 우선 시대가 중생대 트라이아스기 후기인 약 2억2천만 년 전부터 쥐라기 중기인 1억6천만 년 전에 다른 바위들을 뚫고 들어갔다. 이 화강암은 지하 12~30km 정도의 깊이에서 굳어진 것으로 생각되며, 광물의 성분으로 보아, 약 390~570℃ 정도에서 식은 것으로 생각된다. 이 화강암은 한반도, 그 중에서도 경상남북도를 제외한 한반도 남쪽 전체에 걸쳐, 위에서 말한 대로, 북동-남서방향으로 일정한 방향을 가지고 나타난다. 우리나라의 산맥 가운데 이 방향의 산맥이 많다. 또 이 화강암의 근처에는 주로 금을 캐는 광산들이 있다.

불국사화강암은, 대보화강암보다 젊어, 시기는 백악기(1억4,500만 년 전부터 6,600만 년 전 사이) 후기부터 신생대 제 3기초에 걸쳐 1억3천만 년 전부터 6천만 년에 이른다. 이 화강암은 지하 10km가 되지 않는 깊이에서 굳어진 것으로 보인다. 또 광물성분으로 보아 690℃ 정도에서 만들어진 것으로 보인다. 이 화강암은 어떤 특별한 방향은 없고 불규칙하게 덩어리로 나온다. 불국사화강암부근에는 금과 은과 구리와 납과 아연을 캐는 크고 작은 금속광산들이 많이 있다. 그 중에서도 화강암이 석회암을 뚫고 들어간 곳 부근에는 상동중석광산과 연화광산 같은 금속광산들이 생겼다. 중석은 대포 같은 특수강에 들어가는 텅스텐광물로, 상동중석광산은 월남전 때에는 경기가 아주 좋았다. 그러므로 지질학을 공부한 사람은 누구라도 가고 싶어 했다.

2) 여러 곳의 화성암들은

(1) 서울일대에는

서울의 바위는 아주 오래 된 선캄브리아시대의 편마암 계통의 바위와 이를 뚫고 들어온, 즉 관입한 중생대의 화강암으로 크게 나눌 수 있다.

편마암은 서울부근에서는 가장 오래 된 암석으로, 상당히 낮은 지대를 만들며 강서구 화곡동과 신정동과 서대문구 연희동과 신사동과 고양시 향동동에 넓게 나온다. 서울부근에 있는 편마암을 포함하여 부천 일대와 경기도에 분포하는 편마암의 절대연령은 20억 년부터 8억 년에 달해, 상당히 오래 된 변성암과 젊은 변성암이 함께 있다는 것을 알 수 있다.

서울부근에 분포하는 화강암은 흑운모가 유난히 눈에 띠어 흑운모 화강암이라고 불린다. 엷은 분홍색의 장석이 섞인 이 화강암은 북한산과 비봉과 북악산과 인왕산과 남산에 이르는 동쪽에서 주로 나온다. 서대문 로터리에서 녹번동 삼거리까지 도로 옆, 곧 안산의 북동쪽도 마찬가지이다. 안산의 꼭대기에서는 편마암과 흑운모화강암이 닿은 부분을 볼 수 있다. 이 화강암은 강서구 개화산 일대와 부천시 도당동-여월동 일대와 당 아래 고개에도 나온다. 불암산과 수락산과 도봉산도 이 화강암으로 되어있다. 이 화강암에는 거의 직각으로 된 절리가 아주 많다. 그 중에서도 인왕산에서 그런 절리를 잘 알아 볼 수 있다. 절리란 바위가 깨어진 틈으로, 마그마가 식거나 위에 쌓였던 바위가 깎여서 압력이 없어지면 생긴다.

이 화강암은 그보다 앞선 바위인 줄무늬가 있는 호상편마암을 뚫었다. 간혹 화강암 속에 남아있는 그 흔적인 편마암조각을 북한산 남쪽인 북한리에서 볼 수 있다. 이 편마암조각을 잘 보면, 주위가 분명하지 않아, 편마암이 마그마에 둘러싸여 녹았다는 것을 알 수 있다.

은평구 구파발동에서 창릉천을 건너 고양시 삼송동 일대에 둥글게 나오는 반상화강암 속에는 1cm 크기의 큼직한 장석이 들어있다. 반상화강암이란 반정이 있는 화강암이다. 반정이란 주위의 작은 결정보다 유난히 큰 결정을 말한다. 이 화강암은 장석이 전부 하얗다는 점에서 흑운모화강암과 다르다. 이 반상화강암이 편마암을 뚫었으며, 흑운모

서울 북한산의 화강암 - 사진 우경식 강원대학교 교수

화강암보다 더 오래 된 화강암으로 보인다.

도봉산을 만든 화강암의 나이는 2억1,000만 년 정도이고 불암산을 만든 화강암의 나이는 2억2백만 년 정도이다. 이 화강암들은 대보화강암에 속한다.

(2) 광주 무등산에는

광주시를 상징하는 무등산은 안산암과 화산재가 쌓인 바위도 있고 마그마가 뚫고 들어와 굳은 증거도 있다. 안산암은 이산화규소의 양이 화강암보다는 적고 현무암보다는 많아, 색깔도 너무 연하지도 않고 너무 진하지도 않은 중간이다. 또 화산암이므로 광물의 알갱이가 작아 눈에 거의 보이지 않는다. 무등산을 만든 바위의 지질시대는 백악기이다.

무등산 꼭대기에는 기둥모양의 멋있는 아름드리의 주상절리들이 많다. 그 가운데서도 군사보호지대에서 해제된 서석대의 주상절리는 대단히 멋있다. 절리가 굵고 다각형의 모양도 근사하지만 아주 크다. 길이가 길면 수십 미터에서 그보다 더 긴 것도 있다. 주상절리란 용암이 식을 때 힘을 비슷하게 받아 어떤 특별한 방향이 없이 다각형으로 굳어진 바위기둥을 말한다. 주상절리는 대개는 현무암이나 안산암 같은 바위에서 생긴다.

중생대에 폭발한 화산들은 화산재와 화산자갈로 된 바위와 지층도 많이 만들었다. 그런 바위들은 지금도 높은 산으로 남아있다. 경상북도 청송군에 있는 아주 아름다운 주왕산도 그런 산 가운데 하나이다.

광주 무등산 서석대 주상절리가 마치 굵은 기둥처럼 보인다. - 사진 허민 전남대학교 교수

(3) 익산시 황등화강암은

익산시 황등면에서는, 화강암이 많은 우리나라에서도 가장 아름다운 황등화강암이 나온다. 그렇게 크지도 않고 하얀 장석의 알갱이가 고를 뿐 아니라 작은 흑운모들이 검은 점으로 아주 고르게 흩어져있어, 색깔도 희고 바위가 차고 단단해도 느낌은 차분하면서도 부드러운 게 특징이다. 또 너무 아름다워서 그 아름다움을 말로 표현하기 힘들 정도이다. 그러므로 황등화강암은 탑이나 조각이나 건물뿐 아

니고 공원묘지에서 볼 수 있는 무덤의 비석이나 상을 만드는 데에도 많이 쓰인다.

익산의 황등화강암이 유난히 아름다운 것은 그 화강암을 만든 마그마의 성분과 조직이 아름다운 모양을 낼 수 있었기 때문인 것으로 생각된다. 곧 광물들이 아름답게 생기고 결정될 때에 너무 크거나 너무 작지 않게 결정되었다. 황등화강암은 대보화강암에 속하며 나이는 1억7,200만 년 정도가 되었다.

(4) 상주시-영동군의 백화산맥은

백화산맥은 충청북도 영동군과 경상북도 상주시에 걸쳐 북동-남서 방향으로 뻗은 산맥이다. 영동읍에서 상주시로 가면서 오른쪽, 곧 동쪽으로 보이는 백화산맥은 평지에서 갑자기 솟아난 산맥처럼 우람하다. 백화산맥에서 가장 높은 백화산(또는 포성봉)의 933m가 평지의 높이 200m에 견주면 뚜렷이 높기 때문이다. 게다가 서쪽비탈에는 골짜기도 거의 없고 산세도 아주 급하다. 또 평지에서 보는 산의 능선이, 보통 볼 수 있는 작은 산과는 달리, 능선을 따라가며 높이가 거의 같아, 산이 상당히 높고 크다는 기분이 든다. 산은 보통 가장 높은 봉우리를 중심으로 높아지는데 반해, 백화산맥은 능선의 높이가 높고 비슷하기 때문이다. 반면 산맥의 동쪽으로는 상당히 높은 산들이 있고 비탈의 경사도 덜 급해 서쪽과 동쪽의 모양이 다르고, 서쪽에서 보는 것처럼 위용이 있는 모습이 아니다.

백화산맥을 이루는 바위는, 백화산맥의 둘레에 있는 평지를 만드는 중생대 퇴적암이 아니라, 땅 속 깊지 않은 곳을 뚫고 들어간 화성암이다. 그 바위는 상주시 쪽, 곧 북쪽의 백화산맥 전체를 비롯해, 남쪽에서도 높은 능선부분을 차지해, 잘 침식이 되지 않는다는 것을 알 수 있다.

위에서 말한 중생대 퇴적암은 영동읍 남서쪽에서 상주시의 북동쪽까지 좁고 길게 북동–남서방향으로 퍼져있으며 백화산맥을 둘러싼다. 이 퇴적암이 쌓인 곳을 지질학자들은 영동분지라고 부른다. 영동분지는, 다음에 이야기할, 격포리층이나 시화호 주변 퇴적암처럼, 한반도 중부지방 곳곳에 흩어져있는, 중생대 퇴적암이 쌓인 지역 가운데 하나이다.

과학백과 -- 깊은 곳에서 생긴 바위가 나타나

서울 부근의 삼각산(북한산)이나 불암산이나 강원도의 설악산이나 금강산이나 오대산은 모두 2억2천만~1억6천만 년 전 땅속 12~30km 깊이에서 식은 화강암이다. 나아가 화강암을 덮었던 바위들은, 오랜 시간에 걸쳐, 비바람에 모두 깎여나갔다. 그러면서 화강암이 지금 땅위에 나타난 것이다. 바위가 비바람에 깎여나갔다니 믿기 힘들지만, 사실이다. 이 화강암의 나이와 평균깊이를 각각 1억9천만 년, 21km로 가정하면, 이 화강암은 1 년에 0.11mm 솟아올랐다(21km ÷ 1억9천만 년=0.11mm/년).

바위가 아무리 단단해도 물이 파고든다. 파고드는 정도는 바위를 만드는 광물의 성분이나 조직에 따라 다르다. 또 오랜 시간이 지나면서 파고든 물이 얼고 녹는 것을 반복하면서 바위는 갈라진다. 또 표면이 물에 녹고 깎인다. 다만 이런 현상에 워낙 오랜 시간이 들어, 눈에 잘 띄지 않을 뿐이다. 화강암을 덮은 바위도 깎여나갔고 화강암자체도 깎인다.

2. 중생대의 퇴적암들은

1) 주로 삼각주나 호수에 쌓여

우리나라에는, 위에서 말한 대로, 중생대 초기와 중기에 퇴적물이 쌓인 바위는 그렇게 많지 않다. 그 이유는 당시 한반도 대부분이 육지여서 깎이기만 했기 때문이다. 그러나 평양부근과 경상북도 문경과 경기도 통진과 충청남도 남포와 강원도 영월과 황해도 겸이포에는 쥐라기초-중기 동안 작은 분지가 생겨, 자갈과 모래와 진흙이 쌓였다. 또 수풀도 우거졌다.

그래도 주로 경상남북도를 뺀, 한반도 전체가 트라이아스기(2억5,200만 년 전부터 2억100만 년 전 사이)부터 쥐라기중-후기에 심한 지각변동을 받았다. 그 결과 당시의 지층은 거의 없고, 위에서 본 대로, 화강암이 다른 지층을 뚫었고, 산맥들도 만들어졌고 지형은 복잡해졌다. 백악기에 들어와서도 경상남북도의 기반이 되는 지역을 빼고는 깎이기만 했다. 대신 경상남북도가 된 지역에서는 진흙과 모래와 자갈들이 많이 쌓였다. 왜 그랬을까?

그 지역은 강 하류나 삼각주 또는 호수로, 북서쪽에 있던 산골짜기에서 모래와 펄이 흘러 내렸기 때문이다. 또 그 곳에서는 공룡과 익룡과 새들도 살았다. 반면 백악기가 끝날 때는 주로 화산재와 화산자갈 같은 물질들이 쌓여서 바위가 되었다. 바로 그 때는 화산이 많이 터졌다.

한반도 남쪽에는, 경상남북도 외에, 중생대동안에 쌓인 지층이 몇 곳에 있다. 격포와 공주, 해남과 능주, 내장산과 진안, 통진과 보령, 음성과 위에서 말한 영동이 그런 곳이다.

과학백과 -- 자갈이나 모래가 쌓인 지층을 해석하려면

자갈이나 모래가 쌓인 환경을 해석하려면 우선 자갈과 모래가 쌓인 지층을 잘 보고 정확하게 그려야 한다. 크고 작은 자갈 하나하나를 있는 그대로 그리고, 필요하면 사진을 보고 그림을 맞추어 보고 다시 그려야 한다. 그러므로 그림도 잘 그려야 하며 사진기와 망원경이 필요하다. 또 자갈층과 자갈층 또는 모래층 사이에 숨어있는 희미한 경계선을 볼 줄 아는 날카로운 눈이자 관찰력이 필요하다. 책을 보고 의문을 해결해야 하며 필요하면 다시 가서 보아야한다. 물론 강물이 흘러가면서 자갈과 모래와 펄이 쌓이는 모습도 많이 보아야 한다. 또한 실험실에서 이들이 물에 흘러가는 현상을 실험도 하고 어려운 수학공식을 써 계산도 한다.

2) 부안군 변산반도 채석강은

(1) 아주 아름답고 신기해

서해안 부안군 변산면 격포리에 있는 채석강은 강이 아니고 아름다운 절벽이다. 채석강은 전부가 아름답지만, 그 가운데서도

높이 100m가 조금 되지 않는 닭이봉 아래 해안이 가장 아름답다. 그 바닷가를 따라, 윗쪽으로 층층이 한 겹 한 겹 반듯하게 쌓인 바위는 사람의 기술이 아무리 좋아도, 흉내를 내지 못하리라는 생각이 든다. 채석강의 북쪽과 남쪽에도 그 절벽과 비슷한 아름다운 절벽이 있다.

채석강 일대의 지층은 백악기중기의 격포리 층이다. 이 지층은 주로 역암과 사암과 진흙이 굳어진 이암으로 되어있다. 역암을 만든 자갈은 현무암이나 안산암이다. 이 바위들이 바닷물에 침식되면서 채석강에서는 아주 아름다운 절벽을 만들었다.

채석강 부근 지층바닥을 만든 이암의 표면은 아주 매끈하다. 바로 바위가 매일 드나드는 물로 매끈하게 갈려, 새삼 자연의 위력을 느끼게 한다. 게다가 이암에는 거의 직각인 틈이 아름답게 발달했다. 바위에 생긴 이런 틈은 처음에는 좁고 가늘었으나, 오랜 시간 동안 바닷물에 깎여 넓어지고 커졌다. 아무리 그 이유를 알아도 신기하다. 매일 드나드는 밀물과 썰물과 가끔 파도가 되어 해안을 들이치는 바닷물은 알고 보면 엄청난 힘이 있다. 격포리 해안에서 흔히 볼 수 있는 절벽들은 모두 바닷물의 그 힘으로 깎여서 만들어졌다.

(2) 격포리의 바위가 만들어진 곳은

최근 연구된 바로는, 격포리층의 아랫쪽부분은 물에 잠긴 삼각주였다. 그런 흔적은 봉화봉의 북서쪽아래 절벽에서 볼 수 있다. 삼각주 환경이 상당히 계속된 다음, 삼각주 앞에 생기는 경사가 상당히 급한 비탈에서 쌓인 지층이 어느 정도 나온다. 이런 부분은 닭이봉 아랫쪽에서 볼 수 있다. 여기까지는 역암이 상당히 많으며 사암도 많이 나타난다.

그 위에는 삼각주 앞쪽 끝 바닥에서 그 바깥쪽 깊은 곳에 쌓이는 바위가 두껍게 나타난다. 이 바위는 닭이봉 아래지역의 아래쪽과 닭이봉과 마주한 봉화봉 아래 절벽에 잘 나타나. 마지막으로 상당히 깊고 평탄한 바다밑바닥에서 쌓이는 바위가 두껍게 나온다. 이 부분은 주로 알갱이가 아주 가는 셰일과 사암이 되풀이된다. 닭이봉 아래지역의 위쪽에서 이 부분을 잘 볼 수 있다. 또 사투봉 아래에서도 잘 나타난다.

닭이봉과 봉화봉 아래쪽을 잘 보면, 지층이 물결쳐 마치 습곡처럼 보이는 층이 있다. 두께가 1~2m에 이르는 이 구조는 습곡이 아니다. 적벽강 부근에서는 이런 구조의 두께가 20~30cm이다. 이 특별한 구조는 모래와 진흙 같은 퇴적물이 쌓인 면이 약간 기울어졌을 때, 지진 같은 것으로 흔들리면, 가는 퇴적물만 흘러내리면서 휘어지고 감기고 꼬여서 생긴다. 이런 신기한 구조의 위와 아래는 평행하다는 점에서, 습곡구조와 다르다. 또 습곡은 지층의 전체가 휘어지지만, 이 구조는 그 부분만

부안군 변산반도 격포부근의 해안은 중생대 퇴적암으로 아주 아름답다. - 사진 우경식 강원대학교 교수

휘어진다. 이 구조는 꽤 가는 알갱이로 된 부분에서만 생겨난다.

격포리층은 먼 곳에서 연기를 내뿜는 화산이 보이는 산골짜기에서 흘러내린 자갈과 모래가 호수에 쌓여 만들어진 지층이다. 물론 화산에서 날려 온 화산재와 화산자갈들도 쌓였다. 호수 가의 경사는 급했으며 호수는 상당히 깊어, 자갈과 모래가 급하게 흘러 나와 쌓였다.

그러나 그런 격렬한 시간이 지나가고 진흙과 가는 모래가 조용히 가라앉았다. 바로 닭이봉 아래의 위쪽 지층은 그럴 때 쌓였다. 퇴적물은 낮은 곳에 쌓이므로 자갈과 모래는 다른 곳에 쌓일 수 있다. 이들이 쌓인 뒤에 굳어져 바위가 되고 간혹 휘어지거나 끊어지면서 육지가 되었다가 비와 바람에 다시 깎여서 지표에 나타났다.

(3) 안동시에는

안동시에서 의성시를 거쳐 대구시로 내려가는 5번 도로를 따라, 안동에서 약 7km를 가면 낙동강의 지류인 미천이 돌아가는 곳을 지나게 된다. 도로를 따라 처음 남후 2교를 지나 남후 1교가 나올 때까지 안동시 남후면 무릉리의 약 500m의 도로 양쪽의 붉은 색 지층은 거의 똑 바로 선 것처럼 보인다.

남후 2교 쪽, 곧 북쪽이 오래 된 지층이며 남쪽으로 갈수록 젊은 지층이다. 이 지층의 지질시대는 백악기이며 붉은 색 사암과 셰일이 교대로 나오며, 트라이아스기와 쥐라기에 살았던 방산충이 들어있는 붉은 색 자갈이 섞여있다. 방산충은 바다에서만 사는 동물이라는 점에서, 이 자갈은 바다에 쌓인 퇴적물로 만들어졌다는 것을 알 수 있다. 똑 바로 선 이 지층은 하양층군의 아랫부분에 해당하는 구미동역암으로 호수나 강바닥에 퇴적되었다. 하양층군이 백악기에서는 상당히 후기의 지층으로, 두께는 1,000m에서 5,000m가 된다. 수평으로 쌓였던 이 지층이 수평으로 심한 압력을 받아 지층이 휘어지면서 거의 수직으로 섰다.

지층의 붉은 색은 홍수때 물로 덮이는 곳에 쌓일 때 생긴다. 곧 붉은 색은 퇴적물 속에 아주 작은 구멍이 있어, 그 속에 들어있던 산소로 퇴적물들이 산화된 증거이며, 기후가 건조했다는 것도 상상할 수 있다. 또한 화산의 폭발도 생각할 수 있다.

이 지층의 북쪽으로는 안동단층이 지나간다. 안동단층은 경상북도 청송에서 안동을 거쳐 의성군 지보면까지 거의 동서방향으로 지나간다. 안동단층이 생긴 시대는 한반도에 중생대 퇴적암이 쌓일 때의 마지막 시기로 보인다. 아마도 백악기후기에서 신생대초기 사이라고 생각된다. 한편 여기에서는 강물이 안동단층의 위로 흘러, 단층면을 볼 수 없는 것이 안타깝다.

안동시 풍천면 하회마을 건너편의 절벽. 층리가 평행한 것으로 보아 심한 지각변동을 받지 않았다.

3. 중생대의 화석들은

1) 보령시에서는

서해안 보령시 부근에는 우리나라에 많지 않은 지층 가운데 하나인 쥐라기 중기에 쌓인 지층들이 있다. 이 지층들이 바로 남포층군인데, 그 아래의 바위가 깎여나간 다음 오랜 시간이 지난 후에 쌓였다. 여기에서는, 지금은 문을 닫았지만, 무연탄도 나왔다. 바로 성주탄전이 이 지층에 있는 석탄을 캐었다.

이 지층에서 나오는 식물화석은 소철류와 양치류와 은행류와 구과류를 포함해 70종이 넘는다. 식물화석은 대부분이 조각으로 나오지만 생장하던 모습대로 나온 화석도 있다. 이들로 보아 이 지층은 호수나 늪에서 쌓인 지층이라는 것을 알 수 있다.

보령시 동대동 명암의 청석광산에서는 진한 회색의 셰일이 나온다. 아미산층에 속하는 이 바위에서는 은행을 포함한 식물들의 화석과 절지동물의 껍데기가 화석으로 나온다. 동그스름한 이 껍데기는 마치 작은 조개처럼 보인다. 그러나 조개가 아니라 게나 가재 같은 절지동물의 껍데기이다. 또 강도래와 하루살이와 메뚜기와 매미와 딱정벌레와 잠자리와 바퀴에 속하는 곤충들과 이들의 날개와 유충들의 화석이 나온다.

곤충의 껍질이나 날개는 키틴질로 되어있어, 상당히 딴딴하고 잘 썩지도 않아, 보존되는 수가 많다. 곤충의 유충화석은 너무 작고 비슷비슷해, 정확한 종을 알기가 쉽지 않다.

이런 것으로 보아, 이 지층이 쌓일 때에는 상당히 덥거나 따뜻했다는 것을 알 수 있다. 또 그 때의 풍경을 머릿속에 그릴 수 있다. 나무들이 크게 자랐던 숲이 있었고 수많은 곤충들이 나무사이를 날아다녔다. 또 늪 속에는 벌레들도 있었고 물속에는 곤충의 유충들과 물고기들도 있었다. 나무는 쓰러져 두껍게 쌓이고 또 쌓였다.

이 지층에서 나오는 진한 회색바위는 벼루를 만들기에 좋아, 남포벼루를 만드는 원석이 된다. 남포벼루는 옛날부터 유명했다. 실제 보물 547호로 지정된 추사 김정희의 벼루 세 개에서 두 개는 남포벼루이다. 벼루돌과 위에서 말한 화석들이 나오는 바위는 약 1억7천만~1억6천만 년 전에 쌓였다.

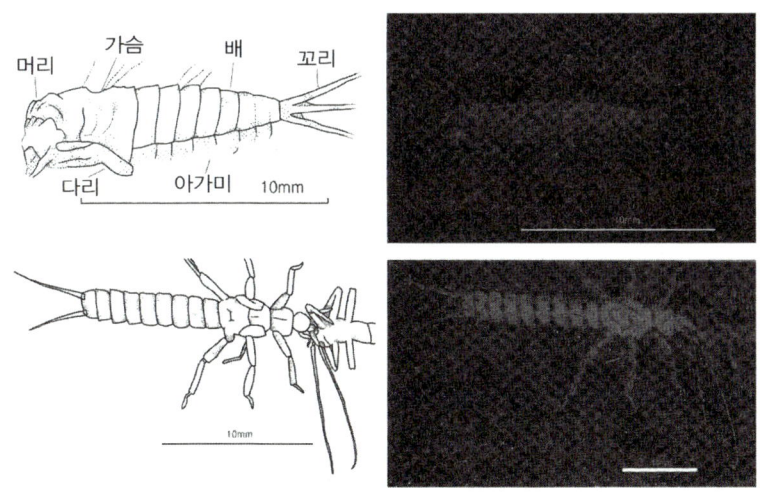

아미산층에서 나온 곤충화석. 위는 하루살이, 아래는 강도래 - 사진 대전과학고등학교 남기수박사

2) 진주시 유수리와 하동군 앞 무인도와 고령군에서는

(1) 가화천의 바닥에서는

　　　　진주에서 하동으로 가다가 만나는 유수리 가화천 바닥에서는 여러 가지 화석이 발견된다. 아무 것도 없어 보이는 바닥에서도 잘 보면, 한 아름이 넘는 나무 몸통의 둥그스름한 윤곽이나 사방으로 뻗은 뿌리를 알아 볼 수 있다. 또 검은 색으로 탄화된 부분이 있는 쓰러진 나무의 화석도 알아 볼 수 있다.

　여기에서 1972년 공룡의 이빨화석이 처음으로 발견되었다. 당시 그 이빨화석을 발견했던 양승영 경북대학교 명예교수는 바위표면에서 이상하게 생긴 검은 물체를 발견했다고 한다. 처음에는 무엇인지 몰라 함께 화석을 찾던 외국의 고생물학자에게 물었다. 그 외국학자는 유심히 들여다보다가 옆을 조금 파더니 공룡이빨화석이라고 소리를 질렀다. 옆을 완전히 파자 뾰족하고 날카로운 이빨모습이 드러나, 고기를 먹는 동물의 이빨이라는 것을 알게 되었다. 이곳의 바위가 쌓였을 때는 중생대 백악기이다. 또 여기에는 공룡의 발자국화석도 있고 드물지만 자라의 등껍데기 화석도 나온다. 자라의 등껍데기는 아주 복잡하고 오밀조밀하고 오돌토돌하지만 두께가 꽤 두껍고 거의 일정하다.

　1996년 여름 공룡의 뼈화석이 유수리 철교부근에서 발견되었다. 바위틈에 박힌 뼈의 화석에서 뼈의 특징이 되는 그물 같은 조직이 보여, 뼈라는 것을 금방 알아 볼 수 있었다. 몸집의 대부분은 흩어졌으나 다리뼈와 어깨뼈는 남아있었다. 부근에서 두 번째의 공룡뼈화석도 발견되었다. 이 부근의 바위를 만든 모래와 진흙은 아주 건조한 곳에 쌓였다.

캥거루 쥐처럼 뛰는 쥐의 발자국화석이 2017년 2월 진주부근의 하부 백악기지층에서 발견되었다. 같은 계통의 동물화석이 북아메리카와 아프리카 백악기와 쥐라기나 신생대에서는 발견되었어도 아시아 백악기 지층에서 발견되기는 세계에서 처음이다.

이 연구를 한 국립문화재연구소의 임종덕박사는 동물원에서 뛰는 쥐를 관찰했다. 또 부드러운 바닥을 만들어놓고 쥐를 뛰게 한 다음, 발자국의 흔적을 화석과 비교했다.

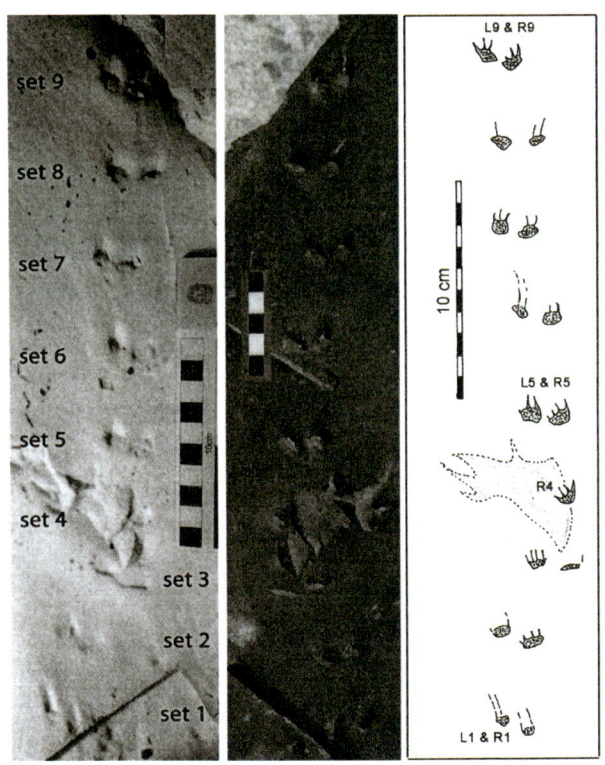

진주에서 발견된 뛰는 쥐는 발자국을 화석으로 남겼다. 왼쪽사진은 지면에서 보이는 장면이며, 가운데사진은 라텍스로 뜬 캐스트이다. 오른쪽사진은 주인공의 발자국을 해석했다. 사진에서 L은 왼쪽뒷발자국이고 R은 오른쪽뒷발자국이다. 뛰는 쥐는 그림의 아래에서 위로 뛰어갔다. 발가락흔적에 쌓인 퇴적물이 없어져 발가락이 제대로 보이지 않는 경우도 있다. - 사진 국립문화재연구소 임종덕박사

(2) 하동군 앞 바다 무인도에서는

2000년 하동군 금성면 갈사리 앞에 있는 돌섬에서 상당히 완전한 공룡의 뼈화석이 나왔다. 공룡의 목뼈와 등뼈와 갈비뼈를 알아볼 수 있다. 발견된 뼈는 완전한 공룡 뼈의 60% 정도로, 이 뼈들을 다 모으면 뼈대를 거의 완성할 수 있을 정도이다. 우리나라에서 공룡의 뼈대를 완성하기는 처음이다.

2001년 여름에는 하동군 앞 바다에 있는 무인도에서 익룡의 날개를 받친 네 번째 손가락의 첫마디 화석이 발견되었다. 길이가 30cm이고 폭이 3.5cm인 것으로 보아, 주인공의 크기는 3.4m 정도이다. 대부분의 동물은 뼈 하나가 있으면 그 뼈를 바탕으로 그 주인공의 크기를 추정할 수 있다. 익룡의 뼈는 공룡 뼈와는 달리, 뼈 속이 비었다. 곧 더운피 동물로 생각되는 익룡이 하늘을 날면서 무게를 줄이려고, 익룡의 뼈는 새 뼈처럼, 속이 비었으며 몇 개의 층이 있다. 그러나 그 층을 자세히 보면, 두께가 0.7~0.8mm로 시조새의 뼈보다 훨씬 얇다. 물론 익룡의 날개 뼈는 시조새의 날개 뼈와는 달리 아주 길다. 이 뼈의 주인공인 익룡은 1억2천만 년 전에 날아다녔다.

또 2002년 여름에는 남해에 있는 작은 섬에서 악어의 머리뼈가 화석으로 나왔다. 크기가 5cm 정도인 이 머리화석의 주인공은 입을 꽉 다물었다. 그래서 송곳니들이 아주 뚜렷했다. 몸 전체의 크기가 50cm 정도인 이 악어의 뼈들은 봉합선(뼈들이 결합되는 톱니처럼 깔쭉깔쭉한 선)이 완전해서, 어미라는 것을 알 수 있다.

(3) 고령군 공사장에서는

고령군 성산면과 쌍림면을 지나가는 국도를 건설하는 공사장에서는 익룡의 이빨화석이 두 개나 발견되었다. 이빨의 길이는 각각 8cm 정도로 길고 휘어지고 표면에 가는 줄이 있어 공룡이나 악어의 이빨은 아니다. 게다가 과거에 외국에서 발견되었던 익룡의 이빨보다 거의 1.5 배에서 2 배나 될 정도로 길어, 아주 큰 익룡의 이빨이다. 또 이빨 두 개의 모양이 비슷해, 아마도 같은 종의 익룡 이빨로 보인다.

이 이빨화석은 대구과학고등학교 지구과학선생님이 발견했다. 그 선생님은 바위에서 5mm도 되지 않는 검은 색의 속이 빈 타원형 물체를 발견했다. 바로 이빨의 단면이었다. 무엇인가 이상하다고 생각해서 파들어가자, 점점 가늘어지는 게 이상하게 보였다. 그 부분을 감싸는 돌덩

경상북도 고령군 합가 도로공사장에서 나온 익룡이빨 화석 2점. 익룡의 이빨은 가늘고 길고 휘어져서 공룡의 이빨과는 다르다. 왼쪽 화석은 대구과학고등학교 윤철수박사가 발견했고 오른쪽 화석은 국립대구박물관에 소장되어있다. 이빨의 길이는 8cm 정도이다. 사진 <한국화석도감>에서 전재

어리를 떼어내어 연구실에 가져와 이상한 부분을 둘러싸는 부분을 조금씩 갈아내었다. 그러자 뾰족한 이빨의 앞부분이 나왔다. 바로 부러진 이빨의 앞부분이다. 그러자 뒷부분이 있으리라고 생각해, 잠을 이루지 못하고, 다음날 아침 일어나자마자 달려가 뒷부분도 마저 찾아내었다.

이 이빨화석은 약간 납작하고 휘어지고 날카로워져 익룡의 이빨이라는 것을 알게 되었다. 부분이기는 해도, 온전한 모양의 익룡의 이빨화석이 나오기는 이번이 처음이다.

위에서 말한 화석들이 나온 바위는 우리나라 중생대 백악기 지층 가운데 상당히 오래된, 약 1억3천만-1억2천만 년 전에 생긴, 하산동층이다. 이 바위를 만든 모래와 진흙은 흘러가는 물에서 쌓였다. 사암과 역암과 붉은 색의 고운 사암과 회색의 셰일로 된 이 지층에서는 공룡뼈화석이 유난히 많이 나온다. 이는 이 지층이 쌓일 때, 기후가 건조했고 토질이 뼈가 보존되기에 좋은 알칼리성이어서, 뼈가 썩지 않았기 때문이다.

3) 군위군과 사천시에서는

(1) 군위-의성에서는

군위-의성에 있는 검은 색 바위에서는 지름 1.6cm에서 21cm에 길이 1.2m 정도의 막대기나 타원형 방망이 같은 남조세균구조(스트로마톨라이트)가 나온다. 호수의 주변부에 쌓인 퇴적물 속에서 나오는 것으로 보이는 위의 남조세균구조들은 퇴적물에 눌려 타원형으로 바뀐 것으로 보인다. 이 화석들은 한쪽 끝이 물에 잠긴 나무줄기나 가지에

세포가 한 개인 작은 식물들이 붙어서 막대기나 방망이모양으로 된 것으로 추측된다. 그러나 현재 비슷한 모양이 만들어지는 것이 관찰된 적이 없어서 아주 의문이다.

최근 들어 고속도로 건설이나 토목공사가 많아지면서 땅속에 있던 화석들이 속속 나타난다. 예를 들면, 군위군 우보면 나호리에서는 아주 잘 보존된 물고기화석들이 검은 바위에서 발견되었다. 크기가 40~60cm인 이 물고기화석들은 등뼈와 가시들이 아주 선명해, 뼈와 가시 하나하나를 셀 수 있을 정도이다. 허리가 비틀어지거나 꼬리지느러미가 꼬인 것이 눈에 띈다. 이 물고기화석들이 보존이 잘 되어있고, 산소가 부족한 곳에서 만들어지는 검은 바위에서 나오는 것으로 보아, 물고기가 가라앉은 곳에는 사체를 먹는 동물들이 없었다는 것을 알 수 있다. 또 물고기화석이 나오는 아래 바위가 회색인 것으로 보아, 물고기들이 가라앉기 전부터 산소가 서서히 부족해졌던 것으로 보인다. 이 물고기들은, 바다가 아닌 민물에서 살았던, 청어계통의 물고기라고 한다.

이 말고도 물고기화석은 달성군 하빈면 동곡리의 30번 국도변과 사천시 서포면 구랑리와 군위군 군위읍 광현리를 비롯하여 여러 곳의 중생대 바위에서도 나온다.

(2) 사천시 서포면 자혜리와 여러 곳에서는

크기 2~6cm의 날아다니는 곤충인 날도래의 유충은 물속에서 모래알로 집을 짓고 산다. 그 유충이 물여우이며, 물여우의 집이 사천시 서포면 자혜리의 바닷가에서 화석으로 발견되었다. 부경대학교 백인성교수가 발견한 이 화석은 겉이 동글동글한 작은 덩어리나 10cm

정도의 떡가래 같은 돌덩어리들로 덮여있어, 화석을 몰라도 무언가 이상하다는 생각이 든다. 동글동글하거나 떡가래 같은 덩어리들은 위에서 말한 남조세균구조이다. 이런 둥그스름한 남조세균구조 속에는 수 mm 크기의 물여우 집들이 빽빽하게 들어차 있다.

이 외에도 곤충화석은 사천시와 고령군과 달성군과 군위군에서도 나온다. 곤충 화석 가운데 상당부분은 날개에 있는 가는 맥으로 보아, 바퀴계통과 잠자리계통의 곤충이다. 또 어미곤충과 함께 모기의 애벌레로 보이는 장구벌레의 화석은 그 숫자를 알 수 없을 정도이다. 지금까지 알려지기로는 모기과와 딱정벌레의 화석이 가장 많다.

몇 년 전 진주시 상천교 부근 호탄동에서 아파트를 지으려고 파놓은 바위에서는 파리와 잠자리의 애벌레를 포함해 번데기처럼 생긴 화석들이 나왔다. 또 전갈과 거미로 보이는 동물과 물고기의 화석들이 나왔다. 물고기는 크지 않아도 비늘 하나하나를 알아 볼 수 있을 정도였다. 또 무척추동물이 만든 꼭 벌집처럼 보이는 정육각형의 생물흔적의 화석도 나온다. 이 화석은 생물이 만들었다고 보기에 힘들 정도로 아주 규칙이 있다. 그러나 불행하게도 그 화석들은 제대로 연구되기 전에 흩어졌고 없어졌다.

위에서 말한 화석들이 나온 지층은 진주층이다. 진주층은 경상남도 진주부근에 많은 백악기초기의 지층으로, 흑색 또는 어두운 색깔의 셰일이 많다. 호수에서 쌓인 이 층의 두께는 750m에서 1,200m 정도로, 위에서 말한, 하산동층의 바로 위의 지층이다. 진주층을 동명층이라고 부르는 학자들도 있다. 칠곡군 동명면 동명은 잘 알다시피 대구의 조금 북쪽에 있다.

4) 경남과학고등학교와 대구가톨릭대학교 교정에서는

(1) 경남과학고등학교 구내에서는

진주시 진성면에 있는 경남과학고등학교 구내에서 꽤 오래 전 엄청난 숫자의 공룡발자국화석과 새발자국화석이 발견되었다. 새 발자국은 대부분이 물갈퀴가 없는 것으로 보아, 아마도 도요새나 깝작도요새와 물떼새 같은 섭금류에 속하는 물새들의 발자국으로 보인다. 반면 물갈퀴가 있는 새는 부리로 먹이를 찾으면서 만들었다고 생각되는 부리의 둥근 흔적들을 몇 개나 남겨놓았다. 여기에서는 새가 먹이를 쪼아 먹은 흔적도 화석으로 나온다.

이 화석은 함안층에서 나왔는데, 이 지층은 진주층보다는 위다.

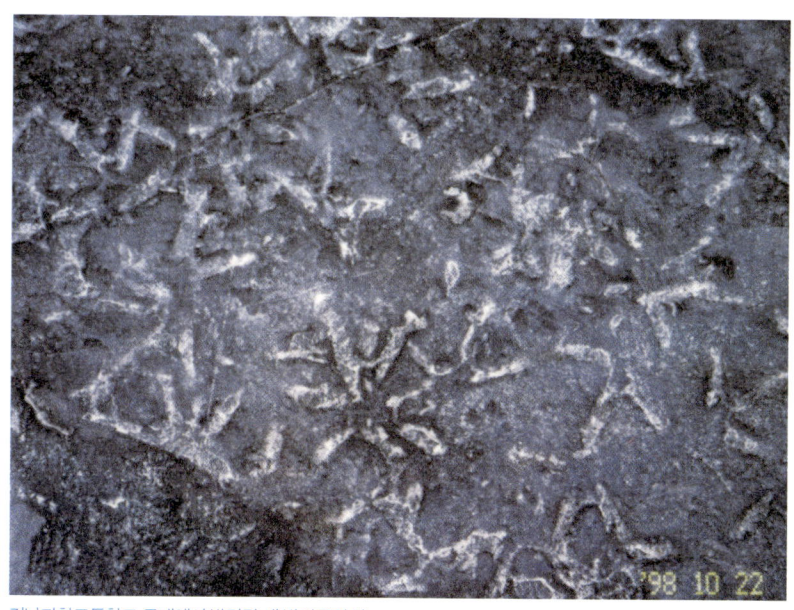

경남과학고등학교 구내에서 발견된 새 발자국화석

(2) 대구가톨릭대학교 교정에서는

경산시 하양읍에 있는 대구가톨릭대학교 교정에서는, 민물에서 살았던, 남조세균이 만든 남조세균구조가 나왔다. 공사를 하던 사람들이 궁금하게 생각하면서 파놓았던 것을 고생물학자가 남조세균구조라는 것을 알아보았다. 회색과 황토 빛이 감도는 이 바위들은 겉으로 보기에는 둥글둥글하고, 갈라진 틈들이 마치 거대한 누에의 주름처럼 보인다. 게다가 끝에 있는 지름 2m가 넘는 둥근 바위들은 마치 누에의 머리 같아, 전체가 굉장히 큰 누에처럼 보인다. 이 거대한 남조세균구조의 일부분은 현재 대구교육과학연구원에 전시되고 있다. 그 단면은 경북대학교 제2과학관의 정원에 있다. 단면을 잘 들여다보면, 껍데기에 평행한, 이 식물화석에 특유한 둥근 무늬가 아주 잘 나타나, 남조세균구조라는 것을 쉽게 알 수 있다.

경산시 하양읍 대구가톨릭대학교를 짓던 자리에서 나온 거대한 누에를 닮은 남조세균화석.
사진 이광춘 상지대학교 명예교수

또 경산시 하양읍 은호리 마을의 개천 바닥에도 남조세균구조가 있다. 개천의 바닥을 울룩불룩하게 만든 둥글둥글한 돌덩어리들이 바로 남조세균구조이다. 돌덩어리들을 잘 보면 둥그스름한 평행선들이 보여, 보통 돌덩어리하고는 다른 것을 첫눈에 알 수 있다.

이 남조세균구조가 나오는 지층은 반야월층이다. 이 지층은 함안층의 바로 위의 지층으로, 약 1억 년 정도 되었으며, 전기백악기가 거의 끝나갈 무렵에 쌓였다.

5) 경상남도 고성군 하이면 덕명리 해안에서는

(1) 해안을 따라 여러 곳에서

경상남도 고성군 하이면 해안을 따라서는 공룡발자국 화석이 나온다. 곧 촛대바위-청소년수련원-상족암-덕명초등학교 앞 남쪽해안까지 나온다. 이어서 발자국화석들은 멸치를 말리는 신성수산의 남쪽해안과 그 뒤쪽 해안과 봉화골로 해안으로 계속되고 실바위까지 가면서 여러 지점에서 약 300개 이상의 지층면에 걸쳐 나타난다. 발자국화석이 많이 나오면 지층 한 면에서 100개 이상이 나오며 적게 나오면 한 두 개가 나온다.

크고 작은 발자국들이, 언뜻 보면 불규칙하게 흩어진 것 같아도, 잘 보면 같은 방향으로 계속돼, 공룡들이 그 방향으로 걸어갔다는 것을 알 수 있다. 같은 종의 공룡이나 식성이 같거나 또는 가족이 모여서 걸었을 수 있다. 또 육식공룡들은 초식공룡을 따라와 발자국을 남겼을 수도 있다. 보존이 잘 된 육식공룡발자국에서는 상당히 날카로운 발톱을 가진 발가락과 걸어간 방향을 알 수 있을 정도이다. 반면 초식공룡 발자국은 둥글둥글하다. 여기에서 발견되는 육식공룡의 발자국은 전체 공룡발자국의 3% 정도여서, 먹이망을 생각해도 이치에 맞는다.

이 바위를 비롯해, 고성군 해안일대의 지층은 대략 1억 년 전에 쌓인 백악기의 진동층이다. 경상남북도에 넓게 나오는 이 지층의 두께는 1,500m 정도이며 대부분 진한 회색 셰일과 사암으로 되어있으며 붉은 색의 바위가 없다. 이는 지층을 만든 모래와 자갈과 진흙이 쌓이면서 공기 속으로 잘 나타나지 않았다는 뜻이다.

(2) 공룡들이 춤을 추어(?)

이 해안에서는 아주 보기 드문 흔적화석이 나온다. 바로 공룡들이 뛰어 놀았다고 생각되는, 땅이 교란된 흔적화석이다. 촛대바위가 있는 해안의 바위가 그 곳이다. 사방 수십m에 걸친 바위를 잘 보면 누런 색깔의 진흙층인 이암층과 회색의 이암층이 40cm에서 60cm 크기로 둥글둥글하게 나누어지고 뒤죽박죽이 되어 무언가 심상치 않다는 기분이 든다. 진흙층이 이렇게 교란되자면 상당히 큰 동물들이 아주 힘차게 움직였을 것이다.

아마도 수십 마리 또는 그 이상의 어미공룡들과 새끼공룡들이 어울려 춤을 췄다고 상상된다. 공룡들이 춤을 췄다면 이상하게 들린다. 그러나 교란된 흔적으로 보아 많은 숫자의 공룡들이 뒤섞여서, 춤을 추었다는 생각을 금할 수 없다. 만약 춤을 추지 않았다면 적어도 한바탕 소란을 피우며 장난을 한 것 같다. 만약 이런 추측이 맞는다면 공룡의 생

황갈색의 사암층과 회색의 이암층이 불규칙하게 뒤섞여 있어, 공룡들이 뛰어서 생겼다고 생각된다.
경상남도 고성군 해안.

활상에서 새로운 부분을 발견했다는 기분이 든다.

(3) 새의 발자국들도 화석으로 나와

신성수산이 있는 곳의 남쪽바위에는 몇 개의 공룡발자국화석과 함께 수십 개의 새의 발자국화석들이 나온다. 새 발자국화석은 실바위에서도 나온다.

새의 발자국은 그냥 보면 그저 작고 불규칙한 홈 정도로 보인다. 그러나 바닥에 앉아서 잘 들여다보면, 가늘게 세 갈래로 갈라진 자국이 새 발자국이라는 것을 알 수 있다. 뾰족한 부분도 그 흔적이 새 발자국의 끝 부분이라는 것을 가리킨다. 대부분 발가락이 세 개이나 간혹 뒤쪽으로 네 번째 발가락도 보여 몇 종의 새가 있었다는 것을 알 수 있다.

여기에서는 간혹 벌레가 만들어 놓은 꼬불꼬불한 흔적화석과 벌레 구멍들의 화석도 발견된다. 벌레구멍들의 굵기가 1mm에서 2cm에 이르며 수평이나 수직 또는 기울어져 나타난다. 벌레화석은 요즈음 진흙밭에 만들어지는 벌레가 기어간 흔적이나 구멍을 생각하면 된다. 그 벌레들은 새의 먹이였을 수도 있다.

또 여기에서는 기후가 건조할 때, 논이나 강바닥이 말라서 갈라지는 불규칙한 5~6각형의 틈인 건열을 알아 볼 수 있다. 또 물결자국을 찾을 수 있다. 건열의 틈은 위는 넓지만 아래는 좁아진다. 그러므로 지층을 연구할 때 건열이 뒤집어졌으면 그 지층은 뒤집어졌다고 해석된다. 물결자국도 같은 목적으로 쓸 수 있다. 물결자국도 아래와 위를 분간할 수 있기 때문이다.

발자국 화석이 나오는 바위는 진흙이 굳어진 지층으로, 풍화되어 그릇조각처럼 깨어져 나간다. 그러므로 혹시 그 곳을 가는 독자들은 새 발자국화석은 말할 것도 없고, 공룡발자국화석이라도 무심히 밟지 않도록 조심해야 한다. 화석들은 지정이 되든 안 되든 천연기념물의 일종이다. 한 번 없어지면 다시 나타나는 것이 아니다.

덕명리 해안에는 6km에 걸쳐 약 3천 개의 공룡발자국화석과 새 발자국 화석이 나온다. 그러나 해안의 발자국화석은 상당부분이 밀물 때에는 바다 물에 잠긴다. 그러므로 발자국화석들을 보려면 물때를 맞춰서 가야 한다. 또 고성군이 지은 공룡박물관도 볼 만 하다.

우리나라에서는 1969년에는 경상남도 함안군에 있는 중생대지층에서 새의 발자국이 처음 발견되어 천연기념물 222호로 지정되었다.

초식공룡이 한 방향으로 걸어갔다.

공룡껍데기화석 - 고성공룡박물관에서 전시된다.
사진 서승조 진주교육대학교 명예교수

6) 해남군 황산면 우항리 해안에서는

(1) 호수에서 쌓인 지층에는

해남만을 바라보는 해남군 황산면 우항리는 1990년 지
질학에서 아주 중요한 곳으로 떠올랐다. 바로 우항리 바닷가에 층층이
쌓인 지층에서 익룡과 공룡과 새 발자국 화석들이 무더기로 발견되었
기 때문이다. 우항리층을 만든 물질들이 쌓이는 과정을 상세하게 연구
한 전남대학교 전승수 교수의 연구를 보면 아마도 상당히 먼 곳에서는
화산이 터지고 있었으며 골짜기에서 흘러내린 물질들은 호수의 북쪽연
안으로 들어와 삼각주를 만들었다고 생각된다. 삼각주 안에는 작은 물
길도 만들어졌다. 호수가에서 멀어질수록 퇴적물들은 넓게 퍼졌다. 호
수가에 가까운 호수바닥에는 자갈이 주로 쌓이다가 곧 자갈이 섞인 모
래가 쌓였다. 아마도 운반된 물질이 많았으며 물질들은 잘 흘러갔던 것
으로 보인다. 갑자기 흘러 온 것으로 보이는 퇴적물들이 쌓인 부분도

있다. 또 호수의 서쪽은 꽤 깊었으며 경사도 급했고 물속에 가라앉은 퇴적물들은 남쪽으로 흘러내리며 넓게 쌓였다.

우항리층의 지질시대는 중생대 백악기의 후기로 8,300만 년 정도 되었다.

(2) 공룡이 물에 떠서 걸어가

공룡발자국화석은 우항리층의 여섯 개 지층면에서 수백 개가 발견되었다. 공룡발자국화석은 1m²에 두 개 정도가 있을 만큼 아주 많이 나온다. 발자국의 주인공 대부분은 네 발로 기어 다녔던 초식 공룡이다. 목과 꼬리가 길고 몸이 크고 풀을 먹으며 천천히 걸었던 공룡발자국도 약간 있다. 반면 두 다리로 재빠르게 뛰어다니며 고기를 먹었던 공룡의 발자국은 아주 드물게 나온다. 이는 먹이망으로 보아 당연하다.

여기에서 볼 수 있는 바닥에 별모양의 흔적이 있는 크고 미끈한 발자국의 화석은 서울대학교 이융남교수의 연구를 보면 공룡이 물에 떠서 걸어가면서 생긴 앞발의 흔적으로 보인다. 곧 몸의 뒷부분이 물에 떴으므로 뒷발은 바닥을 밟지 못했다. 대신 앞발만 바닥에 닿았다. 그러면서도 발바닥이 바닥에 아주 깊게 빠지지 않았다. 또 공룡이 발바닥을 쳐들 때, 진득진득한 펄이 발바닥에 묻어올라오면서, 별 같은 흔적이 생겼다. 만약 물속이 아니라면, 아무리 펄 밭이라도 깊게 빠져 거의 완전한 발자국이 생겼겠지만, 물속이라 둥그스름한 대략의 흔적만 생겼다. 충분히 그럼직하다.

바위들과 공룡들이 걸었던 방향과 공룡발자국의 깊이의 변화를 보면, 호수는 동서방향이었으며 호수는 북쪽에 있었던 것으로 보인다.

(3) 익룡과 물새의 발자국화석이 나와

우항리층의 위부분에서는 익룡의 발자국화석도 나온다. 익룡은 땅위에서는 날개에 있는 앞발과 뒷다리로 걸어 앞뒤발자국의 모양이 아주 다르다. 앞발자국은 길고 짧은 세 개의 발가락이 보여, 마치 사람의 귓바퀴처럼 보인다. 반면 뒷발자국은 발가락이 보이지 않고 마치 사람발자국처럼 보인다. 익룡 몸무게의 중심은 몸의 앞쪽에 있다.

익룡발자국화석 - 사진 허민 전남대학교 교수

익룡의 발자국이 하나씩 나오면 알아보기 쉬우나, 앞발자국과 뒤발자국이 겹치면, 이를 그림을 그려 해석할 경험과 실력이 필요하다. 또 앞

발자국과 뒷발자국의 모양과 위치를 놓고 보면, 걸어간 방향을 생각할 수 있다. 방향은 같으나 뒷발자국들의 크기가 다르다면, 이는 익룡이 한 마리가 아니고, 크기가 다른 익룡이 더 있었다는 것을 뜻한다. 실제 우항리층의 한 지층 면 위에는 세 마리 또는 그 이상의 익룡이 내려앉았 던 것으로 보인다. 현재까지 우항리층에서 발견된 익룡의 발자국화석 은 400개가 넘는다.

또한 같은 지층에서 물갈퀴가 있는 물새발자국도 발견된다. 그러므 로 익룡과 공룡과 물새가 함께 있었다는 것을 알 수 있다. 물새발자국 은 공룡이나 익룡의 발자국보다 훨씬 작고 가는 발가락과 발가락사이 에 물갈퀴가 희미하게 보여, 주인공이 물새라는 것을 알 수 있다.

우항리층에서 발견된 익룡의 발자국화석은 아시아대륙에서 처음 발 견된 익룡 발자국화석이다. 그러므로 잘 하면 익룡의 골격화석과 익룡

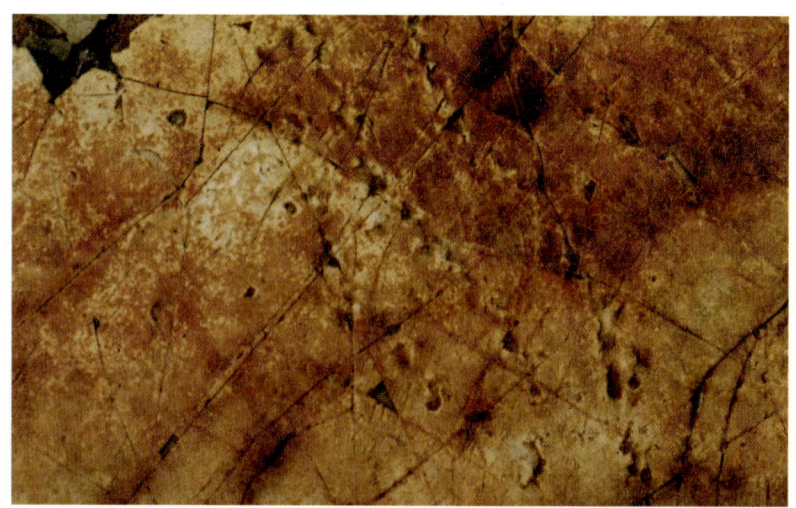

벌레가 기어간 흔적

의 알 화석이나 새끼화석 또는 공룡의 뼈화석과 물새알과 뼈의 화석도

나올 것이다. 또 앞으로 지금은 상상하지도 못했던 신기한 고생물학사실들이 밝혀질 것이다.

여기에서는 또 몇 종의 벌레가 기어갔던 흔적화석도 나온다. 두 발의 사이가 3~4cm인 이 흔적화석들은 몸의 흔적이 있는 것도 있고 없는 것도 있다. 이 벌레들은 새와 익룡의 먹이였을 가능성이 있다.

우항리층을 비롯해 전라남도의 해안에서 나오는 공룡화석들과 주인공이 살았던 옛날의 환경을 제대로 보려면, 해남군이 지은 해남 우항리 공룡박물관이나 전남대학교에 있는 한국공룡연구센터를 찾아보면 큰 도움이 된다. 또 공룡알과 둥지의 화석이 나온 보성군에서 지은 공룡생태박물관도 좋을 것이다.

7) 화성군 시화호와 남해의 작은 섬에서는

(1) 한반도의 가운데서

1999년 여름 화성군에 있는 시화호에 있는 무인도 여기저기에서 공룡 알 화석들이 발견되었다. 검은 색으로 변한 알껍데기의 단면과 표면을 현미경으로 보면, 공룡 알에만 있는 독특한 조직이 있어, 공룡 알 화석이라는 것을 알 수 있다.

붉은 색의 모래와 자갈이 섞인 지층에서 어른 주먹크기인 그 알들은 흩어져 있기도 하고 모여 있는 것도 있다. 모여 있는 것은 둥지로 보인다. 여기에 있는 알 화석 대부분은 알의 단면, 곧 둥근 원이나 타원모양

시화호에서 발견된 공룡둥지화석. 6개의 알 화석이 보인다. 왼쪽 구석에서는 알의 윗부분이 조금 보이고, 위의 가운데에서는 조금 남은   아랫쪽부분이 보인다. 나머지 알들은 둥근 단면만 보인다.

사진의 아래부분에 공룡알껍데기의 단면들이 보인다. 검은색 껍데기는 상당히 두껍다.

시화호에서 발견된 공룡알 화석을 공부하는 학생들과 선생님.

으로 나와, 처음에는 알로 보이지 않는다. 그러나 잘 보면, 둥근 것이 알이라는 것을 알 수 있다. 알껍데기의 두께가 1mm도 안 되는 것도 있고 두꺼운 것은 거의 4mm나 된단다. 그러므로 두께로 보아, 세 종의 알이 있는 것으로 생각된다. 지금까지 발견된 공룡 알의 화석은 모두 300 개가 넘는다.

한국지질자원연구원에서 펴낸 지질도를 보면, 백악기 지층이 화성군 송산면에 아주 조금 있다. 이 지층은 강의 아주 얕은 하류나 비가 많이 오면 물이 넘치는 평지, 곧 범람원 또는 조금 깊은 호수 속에 쌓인 것으로 보인다.

시화호에서 알과 둥지의 화석이 나오면서 모두 공룡의 뼈대화석을 기다렸다. 마침내 2008년 3월에는 공룡의 상당히 완전한 뼈대화석이 발견되어 그 꿈이 이루어졌다. 공룡전부는 아니고 몸집의 뒤 부분으로 그래도 상당히 잘 나왔다. 현재 밝혀진 바로는 이 화석의 주인공은 트리케라톱스 계통의 뿔 공룡으로 아주 초기의 공룡이다. 또 공룡화석이 많이 나오는 우리나라 남해안에서는 나온 적이 없는 종이라는 게, 이 화석을 전문으로 연구한 서울대학교 이융남교수의 의견이다. 이 화석은 "화성 한국 뿔 공룡"이라는 뜻으로 "코리아케라톱스 화성엔시스"로 불린다. 그러나 이 화석은 원래 있던 바위가 아니라, 제방을 쌓은 바위에서 발견되었다. 그러므로 이 화석이 있는 바위가 나온 정확한 장소를 모른다. 그래도 시화호부근인 것은 확실하다.

시화호에서 나온 공룡화석에게는 아주 중요한 뜻이 있다. 곧 지금까지 공룡화석, 그 중에서도 공룡의 알 화석을 포함한 거의 모든 공룡의 화석들은, 위에서 보다시피, 대부분 경상남북도와 남해안과 남해에 있는 섬에서 많이 나왔는데, 중부지방에서 나오기는 시화호가 처음이기 때문이다. 그런 것을 보면, 적어도 한반도 남쪽의 중생대 백악기는 공룡의 왕국이었다.

(2) 남해의 작은 섬에서도

경상남도 통영시 도산면 평리 앞의 작은 섬에서도 2008년 4월 아주 뚜렷한 공룡의 알 화석이 있는 둥지가 나왔다. 예를 들면, 따박섬에서 나오는 육식공룡 알 화석은 타원형으로 긴 축의 길이가 38cm나 된다. 거의 완전한 알 4개와 끝부분만 보존 된 2개가 나오는데, 둥지의 일부라 생각된다. 이 알들은 중심각 60°로 놓여있어, 모두 36개가 지름이 최대 235cm 정도의 둥근 둥지를 만들었다고 추정된다.

이 화석과 아주 비슷한 알 화석이 있는 둥지화석이 2009년 9월 전라남도 신안군 압해대교를 건설하는 비탈에서 발견되었다. 알의 장경은 42~43cm이며 폭은 14.5~16.5cm 정도이며 10개가 넘는 타원형알들이 둥글게 놓인 이 둥지화석의 지름은 2.3m이다. 알의 크기는 약간 작지만 모양과 둥지의 모양으로 보아서는 위의 따박섬의 둥지와 아주 비슷하다.

신안군 사옥도에서도 발자국과 무척추동물의 화석이 많이 나온다. 또 사천시 서포면의 작은 섬 송도와 그 부근에 있는 비토섬과 별학도와 향기도와 사천시 곤양면의 해안과 남해군 창선면 추도와 가인리 북동해안에서도 발자국화석과 고둥과 조개 같은 연체동물의 화석들이 나온다.

위에서 보다시피 우리나라의 남해안 중생대지층에서는 공룡과 새와 익룡과 무척추동물들의 화석이 아주 많이 나온다. 그 동안은 화석을 몰랐으므로 보고도 몰랐다. 그러나 지금은 화석을 연구하는 사람들이 늘어나면서 화석은 점점 더 많이 발견될 것이다.

과학백과 -- 아마추어 화석 수집가

화석을 연구하는 고생물학자는 혼자 화석연구를 하는 게 아니다. 바로 고생물학자를 도와주는 사람이 있어야 된다. 그런 사람 가운데 하나가 바로 아마추어 화석 수집가이다. 고생물학자나 지질학자가 아니라도 취미 삼아 화석을 모으는 사람들을 아마추어 화석 수집가라고 부른다.

그들이 신기한 화석을 자기 집에 모아놓고 혼자만 보는 것이 아니라, 이상하면 근처의 대학교 지질학과에서 고생물학을 연구하는 교수들에게 가져온다. 예컨대, 스웨덴의 유명한 삼엽충학자는 항상 두 사람의 이름으로 논문을 발표한다. 한 사람이 바로 논문재료를 채집해준 아마추어 화석 수집가이다. 의사인 그 사람이 자기가 사는 곳에서 삼엽충화석을 채집해 교수에게 가져오고 교수가 그 삼엽충을 연구한다.

약 1억 년 전에 나타난 개미조상의 화석도 미국의 아마추어 화석 수집가가 채집했다. 그런 점에서 그 화석 수집가는 고생물연구에 주요한 공헌을 했다. 개미는 말벌에서 진화했다. 실제 말벌의 날개를 떼면 개미와 비슷해진다. 공중에서 살던 말벌이 개미가 되어 땅에서 산다.

4. 중생대가 끝나면서

1) 퇴적암층이 많아져

중생대 백악기 후반이 되면서 한반도에서는 호수나 강 하구에 쌓인 지층들이 단단한 바위가 되면서 솟아올라 깎였다. 그 지층의 가운데에 있는 신라역암이 그 사실을 말해준다. 역암이란 원래 자갈이 굳어진 바위를 말하는 데, 보통 아래 지층이 솟아올라 상당히 깎인 다음, 가라앉았고 그 후 아직 얕을 때, 자갈이 쌓여 만들어진다. 그러므로 그 아래 바위보다 상당히 뒤에 쌓였다.

신라역암에는 역암 말고도 사암과 이암이 뒤섞여 있어, 쌓이는 곳이 상당히 불안정했다는 것을 보여준다. 곧 자갈은 모래보다 얕은 데 쌓이고 물결이 더 세찬 곳에 쌓이기 때문이다. 반면 이암은 흐름이 아주 조용한 곳에 쌓인 가는 펄이 굳어져 생긴다. 또 이암에는 진흙 밭이 말라서 갈라진 틈과 물결자국이 많아, 아주 얕은 곳이라는 것을 알 수 있다. 신라역암의 색깔은 붉은 색이 많지만 위로 감에 따라 자주색에서 갈색이 많아지고 역암과 사암은 적어지고 이암이 많아진다.

신라역암 위에는 이암과 셰일이 많이 쌓였으며 빗방울 자국이나 물결자국이나 드물게는 화석도 있다. 이암의 색깔은 붉은 색이지만 셰일의 색깔은 녹색을 띄는 진한 회색이다. 이 바위와 그 위에서 식물화석이 나온다.

그러나 시간이 가면서 화산들이 점점 많이 터졌다는 것을 알 수 있다. 곧 화산재나 화산자갈들이 많이 쌓이기 시작했고 위로 갈수록 점점 두꺼워졌다. 빈암은 분암(玢岩)이라고도 하며 작은 결정이 보이는 화산암이다. 또 땅속에서는, 위에서 말한, 불국사화강암이 과거에 쌓인 바위들을 뚫기 시작했다.

덧붙이면, 백악기 말인 6,600만 년 전에는 우주에서 커다란 물체가 날아와 지구에 충돌해, 익룡과 암모나이트가 몽땅 죽어 없어진 커다란 "대 멸종"이 있었다. 공룡은 그보다 약간 먼저 사라졌다.

2) 화성활동이 많아져

우리나라 지질의 역사에서 중생대의 끝에는 화성활동이 많아졌다. 곧 백악기 후기에 들어서 지하의 마그마가 화산으로 폭발했거나 지표 가까이에서는 암맥으로 주변바위들을 관입했다. 화산으로 폭발한 용암에는 이산화규소 성분이 꽤 많아 색깔이 진하지 않은 유문암과 안산암과 석영안산암이 많았다. 또 이들 바위의 성분을 가진 용암이 많았으며 화산재는 응회암을 만들었다. 화산이 터져 생긴 물질들이 쌓이면서 화석은 나타나지 않는다.

이 바위들이 만든 지층의 순서가 아주 복잡하고 바위들이 여러 가지라 한 마디로 말하기 쉽지 않다. 두께가 약 2,000m인 그 지층을 흔히 유천층군이라고 부르며 다시 몇 개의 지층으로 나눈다.

시간이 좀 지나자 화강암이 지하에서 다른 지층들을 관입하기 시작했다. 관입한 바위들은 화강암을 위주로 반려암과 섬록암이 주를 이루었다. 반려암은 이산화규소가 적고 유색광물이 많은 진한 초록색이나 흑색 바위로 지하 깊은 곳에서 만들어져 입자가 굵다. 섬록암은 반려암보다는 이산화규소가 많고 유색광물이 적어 색깔이 덜 진하다. 지하에서 관입한 화성활동은 신생대 제3기초까지 계속되었다. 지하에서 관입한 이 화강암은 시간이 가면서 지면에 불규칙하게 노출되었다. 이 화강암이 위에서 말한 불국사화강암이다.

3) 한반도의 전체 모양이 생겼어

바위와 지층으로 보아, 중생대가 끝날 무렵에는 한반도에서는 당시 화산이 많이 터졌고 상당히 불안했다는 기분이 든다. 나아가 생물들이 살기도 쉽지 않았고 많지도 않았을 것이다. 그래도 양치식물과 소철 같은 식물의 화석과 연체동물의 화석은 나온다.

중생대 백악기가 끝날 때 쯤, 한반도의 전체모양이 생겼다고 생각된다. 이른 바 호돌이가 탄생해, 북동아시아에서 작은 호랑이 모양의 반도가 생긴 것이다. 서한만이 생겼고 과거에 생긴 산맥 사이로는 큰 강들이 흘러갔고 중국 사이에도 큰 강들이 바다로 흘러들었다. 그러나 동쪽의 태백산맥은 아직 생기지 않았다. 그러므로 동쪽지방이, 지금과는 달리, 특별히 높지도 않았다. 또 백두산과 제주도와 포항과 경주 일대와 울릉도와 독도도 없었다. 또 북쪽의 낭림산맥과 마천령산맥도 없었다.

동해는 있었지만 지금처럼 넓고 깊지는 않았다. 반면 서해는 지금처럼 얕은 바다였다. 서해안은 지금처럼 복잡하지도 않았고 넓은 개펄도 없었다. 한편 일본이 지금처럼 휘어지지 않고 길게 아주 가까이 있었다.

신생대에 들어오면서 다음에 이야기할 동해안의 좁은 지역을 뺀, 한반도 전체는 육지여서 쉬지 않고 깎였다. 곧 그 전의 20억 년이 넘는 아주 오래된 바위들과 고생대와 중생대의 바위들이 침식됐다. 이렇게 깎이면서 땅속 깊은 곳에 있던 화강암과 변성암이 천천히 나타났다. 요즈음 우리주변에서 볼 수 있는 화강암과 상당수의 변성암은 모두 그렇게 나타났다. 물론 지금도 땅위에 있는 바위와 지층은 깎인다.

중생대 화강암이 침식된 설악산 12 선녀탕 계곡 - 사진 우경식 강원대학교 교수

경상남북도 중생대 지층들의 순서 (상지대학교 이광춘 명예교수 제공)

	밀양 (유천)			지금부터
	일본학자(1929)	원종관교수(1973)	장기홍교수(1975)	
신생대 고 제3기	불국사통	화산·장산 화산암복합체	불국사 화강암류 — 관입암복합체	-6,600만 년 전
후기백악기		운문사 화산암층 (유천층군)		
	주사산빈암	중성화산암층	화산암복합체	
	건천리층	건천리층	건천리층	
	채약산빈암	반야월층	채약산층	-1억 년 전
전기백악기	대구층 (신라통)	(신라층군) (진동층 / 유천층군)	송내동층 (하양층군)	
			반야월층	
	학봉빈암	함안층	함안층	
	신라역암	신라역암	신라역암	
	칠곡층	칠곡층	칠곡층	
	진주층 (낙동층)	진주층 (낙동층군)	진주층(동명층) (신동층군)	
	하산동층	하산동층	하산동층	
	낙동층	낙동층	낙동층	-1억4,500만 년 전
쥐라기	묘곡층			

경상계 (일본학자(1929) 전체를 아우르는 표기)

5장

포항과 제주도에 많은 신생대의 바위와 화석

지금부터 6,600만 년 전에 시작된 신생대에 들어와서야 포유류와 활엽수가 아주 많아졌으며 씨앗을 맺는 풀도 많아졌다. 히말라야 같은 높은 산맥들도 신생대에 생겼다. 또 신생대 말기에 가까이 와서는 지구가 상당히 추워져, 큰 빙하기가 몇 번이나 있었다. 전체로는 신생대는 현재에서 가장 가까운 시대이므로 지형이나 환경이 지금처럼 되기 시작했다. 포항과 제주도에는 이때의 지층들이 있다.

1. 신생대에는

1) 한반도가 주로 깎였지만

우리 땅에는 신생대에 쌓인 지층은 넓지도 않지만, 신생대 아주 초기에 쌓인 지층은 아예 없다. 바로 당시 한반도가 모두 육지였기 때문이다. 신생대의 2/3 이상이 지난 다음에야, 곧 고제3기가 지난 다음에야 곳곳에 작은 분지가 생겼으며 퇴적물은 그 곳에 쌓였다. 신생대는 고제3기와 신제3기와 제4기로 나뉜다.

포항과 연일 부근에서는 아래는 자갈과 모래가 쌓였지만, 위로 갈수록 아주 고운 펄들이 쌓여, 나중에 바위가 되었다. 그 지층에서는 그 시대와 환경에서 살았던 특유한 생물들의 화석들이 많이 나온다. 한편 제주도에도 신생대에 바다 속에서 만들어진 바위가 조금 있고 화석도 나온다.

동해와 울릉도와 독도도 신생대에 만들어졌고 백두산도 생겼다. 큰 단층들도 만들어져, 그 앞에 쌓였던 지층들이 잘렸다. 한반도 북쪽인 황해도 봉산과 함경북도 명천에도 신생대에 생긴 바위들이 있다. 나아가 한반도가 지금과 같은 모양을 갖춘 것은 신생대 말기에 들어서이다.

2) 태백산맥이 만들어져

신생대에는 우리나라 바위와 지층의 역사에 남을 만한 일이 생겼다. 바로 태백산맥이 생겼기 때문이다.

평창부근의 태백산맥의 능선 - 태백산맥은 젊은 산맥이라 상당히 험준하다.

태백산맥은 수천만 년 전부터 천천히 솟아오르기 시작했다. 그러다가 대략 2천만 년 전 동해가 열리기 시작해 일본이 한반도에서 떨어져 나가면서 생긴 단층 때문에 한반도의 동쪽이 갑자기 높아지면서 제대로 생겼다. 또 서쪽이 떨어져 한반도가 기울어졌고 서해안과 남해안은 낮아졌고 복잡해졌다.

동해도 그 때 생겼고 태백산맥은 젊어서 비와 바람에 깎여 험해졌다. 또 태백산맥이 솟아오르는 마지막 단계에서, 바다아래에 있던 지금의 포항과 경주 일대가 땅으로 되었다.

한반도의 북쪽에서는 낭림산맥과 마천령산맥이 생겼다. 이 산맥들의 방향은 북북동-남남서방향으로, 이 방향을 한국방향이라고 부른다.

2. 포항일대에는

1) 시대가 다른 바위들이 만나는 곳은

포항주위로는 신생대 신제3기 지층이 가장 넓게 나오기 때문에, 포항시는 지질학에서는 우리나라에서 아주 중요하다.

포항 부근의 지층 가운데 가장 오래 된 단구리역암은 진한 갈색의 지층으로 자갈의 크기는 콩알 크기에서 사람의 머리 크기까지 여러 가지이다. 단구리역암을 만든 자갈을 만든 바위는, 화강암과 중생대의 퇴적암처럼, 그 부근에서 볼 수 있는 바위는 다 있다고 생각된다. 바로 중생대 퇴적암을 포함한 주위에 있는 바위들이 침식되어 만들어진 자갈과 모래가 쌓였다는 것을 가리킨다. 단구리역암의 위로 지층들이 남북방향으로 난 경계선을 따라 꽤 평행하게 나온다. 각 지층에 따라 자갈과 모래의 크기와 양과 진흙의 양이라든가 지층의 색깔과 나오는 화석이 다르다.

한편 포항시 신광면 쪽 산기슭에서는 화산암계통의 바위와 역암이 만난다. 이 경계선은 대략 남북방향으로 띠처럼 계속된다. 화산암계통의 돌들은 성분이 약간 변했으며 전체색깔이 허옇다. 화산암계통의 지층은 산기슭을 따라 북동쪽에도 나타난다. 화산암이 역암보다 더 오래 되었다.

2) 포항 부근의 신생대바위는

(1) 포항 부근의 흙은

포항의 흙은 아주 연하고 부드럽고 젊은 흙이다. 지질학에서 말하는, 신제3기로, 약 2천만 년 전에서 1천만 년 전 정도 된 흙이다. 또 상당부분의 흙은 화산재가 쌓인 흙으로, 아주 곱고 역시 단단하지 않다. 이런 흙들이 땅 속에서 더 오래 눌려 더욱 딴딴해져야 되는 데, 너무 빨리 땅위로 나타난 것이다. 그러므로 흙 알갱이 속에 빈틈이 많아, 비만 오면 물이 흙 속에 배어들어 땅이 질어지고 진흙이 신에 묻고 발이 빠진다. 또 덜 단단해 쉽게 풍화되고 빨리 깎인다. 그러므로 산은 낮아지고 평평해져 포항시내와 주위에는 높은 지대가 없다.

포항 중앙여고의 교문을 들어서기 전 왼쪽지층은 상당히 깊은 바다에 쌓인 퇴적물이 굳어진 바위이다. 이 바위는 연한 갈색 바위로, 암질이 아주 균일하며 작은 식물인 규조가 엄청나게 많이 가라앉아 쌓인 흙으로, 덜 굳어져 잘 부스러진다. 종에 따라 민물에서도 살고 바닷물에서도 사는 규조는 너무 작아서 눈으로는 보이지 않고 현미경으로만 보인다. 간혹 바다에 사는 물고기와 조개와 게와 세포가 한 개인 작은 생물들이 규조와 함께 가라앉아 화석으로 나온다.

(2) 바다 바로 옆에 있던 험한 산

옛날 포항의 서쪽에는 꽤 높고 험한 산이 있었다. 그 산의 골짜기에서 흘러내린 퇴적물이 동해 쪽으로 흘러내려, 바다에 쌓여 포항의 바위와 흙이 되었다. 그런 증거로는 포항의 북쪽 도음산의 남쪽

말골에서 달밭-송학동-하일동-포항중앙여고 앞으로 가는 곳이 있다. 먼저 위에서 말한 단구리역암층은 경사가 꽤 급한 산의 산기슭에서 갑자기 흘러내린 자갈과 모래가 섞인 지층이다. 그러나 이 지층은 도음산 서쪽 낮은 곳으로 가면서 선상지에 쌓인 특징을 보여준다. 도음산 꼭대기에는 퇴적물이 삼각주의 윗면에 쌓이는 방식대로 쌓였다.

그러나 점점 바다 쪽인 동쪽으로 가면서는 퇴적물들은 기울기가 작아지고 바다아래에서 생긴 삼각주 비탈의 앞에 쌓이는 방식으로 쌓였다. 달밭-송학동-하일동의 바위와 흙은 그렇게 쌓인 바위와 흙들이다. 더 멀어지면 삼각주에서도 아주 앞쪽의 특징이 되는 모양을 보여주면서 쌓였다. 그러므로 깊은 곳에 쌓인 두호층은 거의 아주 고운 펄로만 되어있다. 나아가 바다에서 사는 생물들이 화석으로 나오는 것을 보아, 바다에 쌓인 지층이라는 것을 알 수 있다.

포항 일대의 지층을 만든 선상지삼각주는 약 2천만 년 전, 도음산을 중심으로 도음산의 동쪽에 반원형으로 발달했다. 선상지삼각주란 바다 바로 옆에 산이 있을 때, 골짜기에서 흘러내리던 자갈과 모래와 펄은 선상지를 만들면서, 바다 밑에 삼각주처럼 쌓인 특수한 곳이다. 바다 바로 옆에 산이 있다면, 산에서 흘러내린 자갈과 모래와 진흙이 그렇게 쌓이리라는 것은 가능하다.

(3) 마이오세의 현무암으로 밝혀져

포항시 연일읍 달전리에 있는 저수지 동쪽에는 마이오세(2,303만 년 전부터 533만 년 사이)지층으로 둘러싸인 연일현무암이 나온다. 이 현무암에는 한 아름이 넘는 기둥 같은 주상절리가 땅에 수직으로 서

있어, 마치 바위 숲이나 바위병풍을 보는 기분이 든다. 높이 20m 정도에 폭이 100m나 되는 절리의 윗부분은 흙과 잡초로 덮여있다. 동쪽에서는 현무암을 석재로 쓸려고 잘라내었다. 현무암은, 화강암처럼, 잘라내기도 좋고 사람이 마음먹은 방향으로 깨기도 좋아, 석재로 많이 쓰인다.

과거에는 연일현무암을 그렇게 오래지 않은 때에 흘러내린 현무암으로 생각했다. 그러나 연일현무암은 약 2천만 년 정도가 되었다는 것을 알았다. 또 연일현무암은 곧 퇴적암 위로 흘러가면서 퇴적암을 덮은 것으로 생각된다.

천연 기념물 415호로 지정된 연일현무암은 땅위로 솟아나던 용암이 그대로 굳어진 것이라는 생각도 든다. 왜냐하면 연일현무암의 전체모습과 주상절리는 미국 와이오밍주에 있는 "악마의 탑"과 비슷하기 때문이다. "악마의 탑"은 용암이 솟아올랐던 아랫부분, 지질학에서 말하는 "바위의 목"이라는 뜻의 "암경"이라고 부르는 부분이다. 용암의 위와 옆은 다 깎어서 없어지고 남은 부분이 마치 사람의 목처럼 보여서 붙여진 이름이다. 연일현무암의 옆의 일부는 다 깎여나가 없어졌다. 만약 연일현무암의 위에 있는 흙과 잡초가 없어지고 없어진 부분을 채워서 완전해지면 분명히 "악마의 탑"처럼 보일 것이다.

3) 포항 부근에서 나오는 화석들은

(1) 식물과 바다에서 사는 생물들의 화석이 많이 나와
포항 중앙여자고등학교 교문 앞에 있는 언덕에서는 나

뭇잎화석이 많이 나온다. 가끔은 단풍나무 씨 화석도 나와. 단풍나무 씨에는 낙하산이 있어, 옛날의 식물도 바람의 힘을 이용해 씨를 퍼뜨렸다는 것을 알 수 있다. 또 드물게는 솔방울이나 솔잎의 화석도 나온다. 또 벌레에게 파 먹혔다고 생각되는 나뭇잎들의 화석이 나온다.

이 화석들은 규조가 들어있는 지층에서 나오는 것으로 보아, 이들이 강물에 흘러 바다로 들어와 가라앉았다는 것을 알 수 있다. 한편 포항에서는 아름드리 규화목도 나온다.

포항에서는 바다가재와 조개와 가리비조개와 물고기 같은 바다에서 사는 생물들의 화석이 많이 나온다. 조개의 화석은 전복이나 고둥보다는, 모시조개처럼 두 개의 껍데기로 된, 흔한 조개의 화석이 많다. 이 조개껍데기들의 모양과 크기로 보아, 여러 종이 나온다.

경상북도 연일층군 두호층에서 나온 물고기의 화석.
한국지질자원연구원제공.

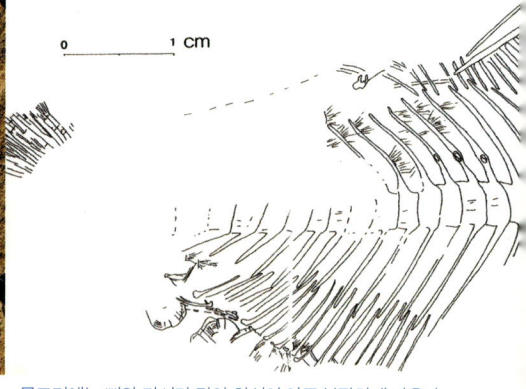

물고기에는 뼈와 가시가 많아 화석이 아주 복잡하게 나온다.
그러므로 물고기화석연구에는 뼈를 일일이 그릴 인내심이 필요하다.

가리비조개의 화석가운데에는 지름 1mm 정도의 작은 구멍들이 많은 가리비도 있다. 그 구멍은 크기로 보아, 갯지렁이 같은 동물이 뚫은 것으로 보인다. 바닷가 개펄 속에서 사는 갯지렁이는 산으로 조개껍데기를 녹이면서 이빨로 갉아 가는 구멍을 낸다. 반면 구멍을 뚫는 조개는 상당히 굵은 구멍을 내어, 갯지렁이가 뚫는 구멍과는 다르다.(단단한 껍데기에 구멍을 뚫는 동물은 고생대 초기에 나타났다.)

갯가재의 완전한 화석은 드물게 나오지만, 머리와 껍데기와 꼬리와 다리를 보아, 갯가재가 분명하다. 이런 것을 보아, 그 곳은 갯가재가 살 만큼 얕고 따뜻했거나 그 갯가재껍데기가 깊은 곳으로 쓸려 내려갔을 수도 있다.

또 포항에서는 바다에서 사는, 세포가 한 개인, 동물들과 식물들의 화석이 많이 나온다. 이들을 연구한 결과, 포항일대의 지층이 신제3기 마이오세의 중·후기라는 것을 알아내었다(신제3기란 제3기의 뒷부분이다.). 또 그 때 처음에는 난류가 우세했으나 시간이 가면서 한류가 우세해져, 지금처럼 되었다는 것도 알아내었다.

(2) 고래의 화석도 나와

몇 년 전 포항시 북구 장성동에서 집을 지을 땅을 만들다가 고래의 화석이 발견되었다. 등뼈가 거의 완전한 주인공은 길이가 15m 정도이다. 처음에는 둥근 바위 같은 머리뼈가 아주 커 이상하게 보이지만, 등뼈를 연결한다고 생각하면, 머리의 크기가 몸길이의 1/3이 되지 않는 것으로 생각된다. 어깨뼈와 지느러미뼈는 보이지 않는다.

고래화석이 발견된 지층은 1,500만 년에서 1,000만 년은 된 것으로 생각된다.(이때에는 고래의 대부분이 나타났다.) 이 외에도 포항에서는 고래화석이 발견된 것으로 알려졌으나, 대부분이 여기저기로 흩어진 게 안타깝다. 한편 같은 자리에서 상어이빨과 상어등뼈의 화석들도 나왔다.

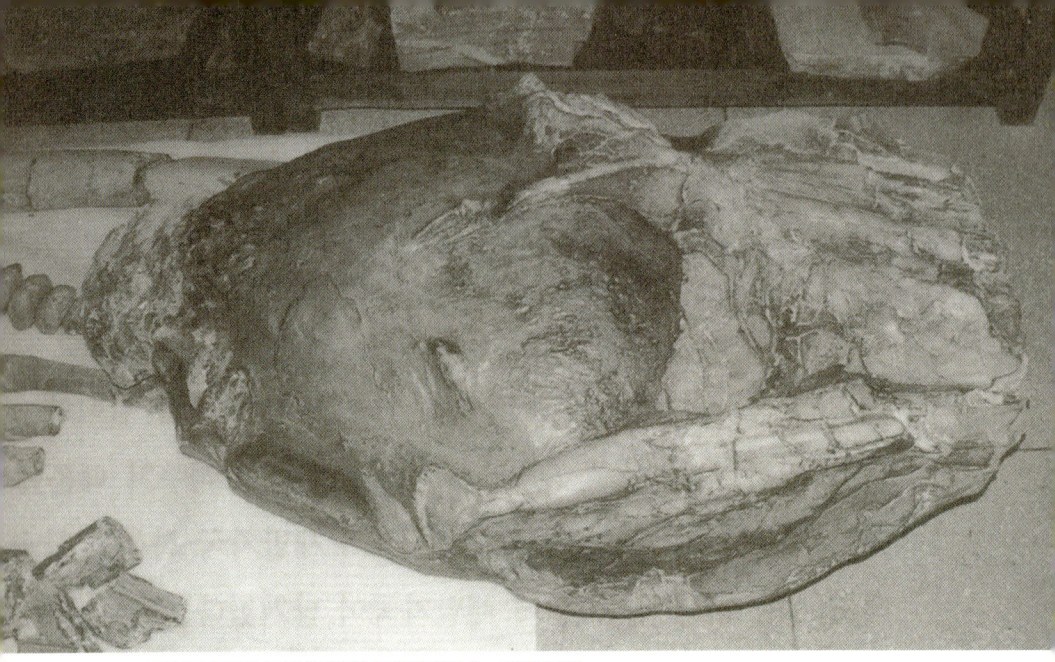

포항시 북구 장성동에서 발견된 고래화석(일부) - 사진 민명철

최근에는 강동과 흥해 사이에 길을 내면서, 포항시내에서 약 1,500만 년 된 조개화석들과 성게와 물고기와 바다가재와 식물조각의 화석들이 나왔다. 조개는 부채꼴 모양의 보통조개를 닮은 종과 가리맛을 닮아 모시조개보다는 훨씬 길고 넓적한 종으로, 상당히 깊은 곳에서 살았던 것으로 생각된다. 이 두 종의 조개화석이 조개화석의 거의 대부분을 차지한다. 식물조각은 바닷물에 떠 있다가 가라앉은 것으로 보인다.

(3) 거대한 상어의 이빨이 화석으로 나와

포항에서는 뱀상어와 메갈로돈의 이빨화석이 2009년 여름 포항 장량지구에서 나왔다. 뱀상어의 이빨화석은 납작한 삼각형이고 현재 열대지방 바다에 있는 뱀상어의 이빨과 똑 같아 쉽게 알아볼 수 있다. 메갈로돈의 이빨은 아주 크고 삼각형이고 이빨의 가장자리에는 톱날처럼 아주 가는 톱니들이 있어, 주인공이 고기를 먹는 동물이라

고생대 전기에 나타난 상어는 뼈가 단단하지 않은 연골어류이다.

는 것을 알 수 있다.(잘 알다시피 양식에서 고기를 자르는 칼의 톱니는 상어의 톱니를 닮았다.) 1,500만 년 전부터 200만 년 전까지 살았던 메갈로돈은 길이 15~18m에 무게 50톤 정도로, 지구역사상 가장 큰 상어이다. 몸집이 크므로 이빨도 커 크기가 손바닥만 해 18cm가 넘는 이빨화석도 있다. 메갈로돈의 입속으로는 사람이 들어갈 수 있을 정도이며 메갈로돈은 고래를 포함하여 포유동물들과 다른 상어들을 잡아먹었던 것으로 생각된다. 포항에서 나온 메갈로돈의 이빨은 경사의 길이가 67.9mm, 높이가 43.5mm에 가는 톱니는 1cm에 16~19개가 있으며 아주 단단하게 생겼다.

3. 경주일대에서는

1) 화석이 많이 나와

(1) 중생대지층과 닿는 곳이 있어

우리나라 신생대 지층이 포항과 경주일대에 조금 나오면서 중생대지층과 닿는다. 그러나 분명히 닿는 것을 알거나 느끼기는 쉽지 않다. 숲으로 되어있거나 길이 없거나 바위가 비슷하거나 지형이 급해지면서, 지질시대가 바뀌고 바위가 바뀐 다는 것을 알기 힘들기 때문이다. 또 지질을 조사하는 사람들은 그런 곳을 일부러 찾아가지도 않는다.

그래도 분명히 알고 느끼는 곳이 있다. 바로 경주시 강동면 단구리 전곡저수지에서 동쪽의 도음산으로 올라가는 골짜기가 그런 곳의 한 곳이다. 여기에서는 제3기 지층이 중생대지층과 닿는다는 것을 알고 느낄 수 있다.

먼저 중생대지층은 진한 고동색 바위이다. 중생대지층을 구경하면서 길을 따라 걷다 보면, 어느덧 신생대지층이 보인다. 그런 것으로 보아, 경계 부분이 먼 곳에 있지 않다는 것을 알 수 있다. 중생대바위는 백악기에 속하며 셰일로 아주 고운 진흙이 굳어져 바위가 되었다. 그러나 그 곳은 낮고 바위들이 심하게 풍화되어, 중생대지층과 신생대지층이 닿는 바로 그 경계를 찾기는 어렵다.

　그래도 그 길을 가게 되면 몇 걸음 사이에 수천만 년이 지나간다.

(2) 양북면 송전리에서는

　　　　경주시 양북면 송전리 골짜기를 따라 모래바위(사암)과 진흙바위(이암)가 번갈아 쌓인 지층이 나온다. 사암은 화산재가 굳어진 누런색이나 갈색의 화산재바위(응회암)로 알갱이의 크기가 같지 않고 굵은 알갱이와 가는 알갱이가 섞여있다. 이 지층의 두께는 1~2m이며 이 암은 누르스름한 회색이나 회색으로 두께는 0.6~3m 정도이다. 이들 두 얇은 지층이 번갈아 쌓여 전체 두께가 200m 가까이 된다.

　여기에서는 굴과 이매패와 복족류와 식물의 화석을 볼 수 있다. 이매 패란 모시조개처럼 두 개의 조개껍데기로 된 조개이며 복족류는 소라나 고둥을 말한다. 개울 옆 야산에서는 큰 굴 껍데기들의 화석이 많이 나온

왼쪽은 경주시 양북면 송전리에서 나오는 굴화석. 큰 굴의 길이는 36cm이다. 굴 껍데기는 두껍고 단단하고 무겁다. 껍데기의 높이가 길이보다 길다. 오른쪽은 경주시 양북면 송전리에서 나오는 이매패 화석. 이매패의 길이는 7.6cm이다. 한국의 화석 제1권(한국지질자원연구원, 1998)에서 전재.

다. 과거의 연구를 보면, 여기에서는 두 종의 굴 껍데기가 나오며 껍데기가 모두 크고 두껍지만, 한 종은 길고 다른 종은 넓적하다. 길고 큰 굴은 폭과 두께가 10cm가 넘고 길이는 40cm 정도나 되고 무게는 10kg이 넘어서, 들기도 어렵다. 겹겹이 쌓인 두꺼운 껍데기를 보노라면, 그 크기까지 두꺼워지고 컸다는 것이 신기하고 장하다.

이 지층은 동물의 화석으로 보아 바다에서 쌓인 지층이지만, 식물의 조각이 있는 것으로 보아, 하구와 아주 가까웠던 것으로 보인다.

(3) 천북면 물천리에서는

경주시 천북면 물천리 용골계곡 입구에서 400~500m 정도를 따라가면, 개울을 따라 1km에 걸쳐 개울의 바닥이 굴과 조개껍데기의 화석으로 하얗다. 화석이 너무 많이 나와서 여기를 "화석밭"이라고 표현한 사람도 있다. 주로 고둥계통과 부채조개를 포함한 이매패 계통의 껍데기화석들이다. 또 상류로 올라가면서 굴이 박혀있는 지층들이 보인다. 이 지층은 완전히 굳어지지 않아, 굴 껍데기를 어렵지 않게 파낼 수 있다.

이 화석들이 나오는 지층은 누르스름한 이암과 자갈이 섞인 바위이며, 굴 껍데기는 얽혀서 바위에 덩어리로 박혀있다. 굴 껍데기의 상당부분은 쉽게 파낼 수 있으나, 녹아서 자갈이나 진흙과 단단하게 엉켜 붙은 것도 있다. 조개껍데기들도 엉켜 붙어서 덩어리를 만든다.

송전리의 바위와 화석은 그렇게 깊지 않은 곳에 쌓인 것으로 보인다. 이 지층이 쌓였던 시기는 지금부터 1,600만 년 전이라는 주장이 있다.

(4) 천북면 갈곡리와 왕신리에서는

경주시 천북면 갈곡리 삼막골과 왕신리 피박골의 바위는 회색이 감도는 갈색의 이암과 진흙이 섞인 사암과 진흙이 섞이지 않은 사암이다. 그러므로 알갱이들이 아주 작다.

여기에서는 조개의 껍데기도 화석으로 나오지만, 생물의 흔적이 화석으로 많이 나온다. 생물의 흔적으로는 수평으로 뻗었거나 긴 막대기 모양의 흔적이 나온다. 생물의 흔적은 생물이 살았던 구멍으로 보이며, 모래 같은 것이 차있어도, 길이 10cm 내외에 굵기 1~2cm 정도의 불규칙한 둥근 막대기처럼 보여, 쉽사리 알아볼 수 있다.

이 지층이 쌓였던 곳은 조간대나 그보다 약간 깊은 곳으로, 그렇게 깊지는 않았던 곳으로 생각된다. 이 지층은 아주 약간 기울어졌으며 송전리나 물천리에 있는 바위보다 위의 지층이다. 이 지층의 시기는 지금부터 1,500만 년 전이라는 연구가 있다.

과학백과 -- 석유와 셰일가스는?

한때 포항에서 석유가 나온다는 말이 있었지만 뜬소문이었다. 석유가 도저히 나올 수 없는 바위틈에 모인 약간의 석유가 나왔을 뿐이다. 물론 그 석유는 곧 멈추었다. 석유는 액체이어서 만들어진 다음 경우에 따라 움직여서 바위틈을 파고 들어간다. 반면 울산앞바다에서는 적은 양이지만 천연가스가 나왔다.

1859년 미국 동부지방에서 처음 발견된 석유는 옛날에 살았던 생물의 유체들이 압력과 열을 받아 만들어진 액체탄화수소를 말한다. 그 때 열과 압력을 받은 시간의 길이에 따라 액체인 석유가 되거나 기체인 천연가스가 된다. 석유는 천연가스가 되지만, 천연가스는 석유로 돌아가지는 않는다. 천연가스는 석유와 함께 있는 경우도 있으며 천연가스만 있는 수도 있다. 천연가스는 주로 메탄, 에탄, 프로판, 부탄가스로 되어 있다.

최근 이야기되는 셰일가스는 셰일의 빈틈에 들어찬 메탄가스가 주성분인 천연가스를 말한다. 옛날부터 이 사실을 알았으나 그 가스를 뽑아낼 방법이 없었다. 그러나 미국지질학자이자 사업가인 조지 미첼(1919~2013)이 일생 연구해서 2008년에 성공했다. 셰일가스가 들어있는 셰일을 고압의 물로 깨뜨리고 가스나 기름을 뽑아 올리는 이 새로운 방법을 고압수파쇄법(fracking)이라고 한다.

미국에는 셰일가스가 워낙 많아 중동에서 원유를 적게 수입해, 2014년 중반부터 전 세계의 원유 값이 떨어졌다. 또 원유를 팔아 살아가던 베네수엘라는 완전히 망했고, 천연가스를 수출해서 살아가던 러시아의 경제가 크게 주저앉았다. 반면 미국에는 셰일가스가 워낙 많아 400년분이 있다고 한다. 나아가 동부지방에 많은 석탄을 천연가스로 만들면, 미국의 에너지는 500년분이 넘는다. 드디어 미국은 2019년 하루에 원유 1,200만 배럴을 생산해 세계최대의 산유국이 되었다.

4. 신생대에 만들어진 단층들

1) 삼척시 오십천 단층은

    지도를 놓고 보면 삼척시 도계읍 통리에서 삼척시 방향, 곧 북북동쪽으로 올라가는 길은 이상하게도 거의 직선이다. 또 그 길을 따라 영동선이 지나가고 하천도 있다. 이 하천을 오십천이라고 한다.

    영동선 고사리역에서는 오십천의 서쪽에는 고생대바위가 있다. 반면 동쪽에는 중생대 쥐라기-백악기 바위가 나온다. 백악기 바위는 주로 화산이 터질 때 생긴 깨어진 조각들과 화산재가 굳어져 불그스름하며 자갈이 강에 쌓인 붉은 색의 바위이다. 시대가 다른 이 바위들이 오십천을 두고 양쪽에 있는 것으로 보아, 이 지층들이 단층으로 만났다는 것을 알 수 있다. 그 단층을 오십천단층이라고 부른다. 또 오십천은 오십천단층을 따라 흐르는 하천이다. 그 단층이 거의 직선이어서 오십천도 거의 직선이다.

    단층이란, 앞에서 이야기했듯이, 지층이 어긋나 끊어지는 것이므로, 단층을 따라 바위가 깨어지고 약해진다. 그러므로 그런 곳을 따라 물이 흐르고 빨리 깎여 지형이 낮은 것이 보통이다. 지형이 낮으므로, 그런 곳을 따라 사람이 많이 다녀, 길도 난다.

고생대바위가, 위에서 말한 대로, 오십천을 중심으로 서쪽에서는 고사리역까지 나오며, 동쪽에서는 4km 남쪽인 도계 역 부근에 나와 동쪽으로 계속된다. 이런 것을 보아, 오십천 단층은 서쪽이 북쪽으로 4km를 올라갔다고 생각된다. 또는 반대로 동쪽이 남쪽으로 그만큼 내려왔다고도 말 할 수 있다.

쥐라기와 백악기의 바위들이 오십천 단층으로 잘린 것으로 보아, 이 단층은 백악기가 지난 다음에 만들어졌다는 것을 알 수 있다. 오십천단층은 신생대 고제3기초에 만들어졌다. 그러나 새로운 방법으로 연구한 결과, 오십천단층은 지금부터 겨우 수십만 년 전인 아주 최근에도 움직였다는 것을 알아내었다.

삼척시 도계읍 통리역에서 심포초등학교로 넘어가는 길 위에서 보면, 오십천을 따라가는 길과 동네와 오십천이 잘 보인다. 오십천이라는 이름은 옛날 그 냇물을 건너려면 옷을 적시지 않으려고 다리를 50번을 걸어 올려야만 된다는 전설에서 나왔다. 오십천이 작은 지도에서는 아주 곧게 보여도 실제는 상당히 구불거린다.

2) 양산단층은

(1) 몇 개의 단층이 생겨

부산-경상남북도의 지도를 펴놓고 부산부근을 보면, 양산에서 언양을 지나 경상북도 경주를 거쳐 그 북동쪽의 안강에 이르는 길은 거의 직선이라는 것을 알 수 있다. 바로 이 길은 양산단층을 따라 건설된 길이며 단층이 곧기 때문에 길도 곧다.

양산단층은 부산 낙동강 하구언에서 북북동방향으로 올라가 양산과 언양을 지나 경주와 포항을 지나 영덕군 영덕읍과 영해면부근을 지나간다. 다시 영덕군 병곡면 병곡리를 지나 바다로 계속되다가 울진군 후포면 소재지에서 북쪽으로 기성면 사동리 하사동으로 계속되고 다시 바다로 들어간다.

양산단층의 동쪽부분인 중생대 바위는 약 35km 남쪽으로 이동했다. 포항의 바위들이 양산단층으로 잘린 것으로 보아, 양산단층이 만들어진 시대는 그 바위들이 쌓인 이후이며, 약 1,500만 년 전에 생겼다는 주장이 있다.

양산단층 부근에 있는 냇물과 길들은 단층들을 따라 생겼다. 예컨대, 양산 통도사에서 하북과 양산을 거쳐 낙동강으로 흐르는 양산천도 양산단층을 따라 흐른다. 부산에서 월평을 거쳐 무거에 이르는 북북동 쪽으로 가는 길도 양산단층과 같은 방향이다. 경상남도 기장에서 울산에 이르는 길도 거의 직선으로, 양산단층에 아주 평행하다.

부산에서 무거로 가는 길은 동래단층을 따라 생긴 길이며 기장에서 울산에 이르는 길은 월래단층을 따라 생긴 길이다. 울산에서 불국사에 이르는 길은 울산단층을 따라 생겼다. 단층은 한 개가 생기는 경우도 있으나 몇 개가 한꺼번에 평행하거나 엇비슷하게 생기는 수도 있다. 동래단층과 월래단층과 울산단층이 그런 단층들이다.

단층이란 한 번 만들어진 다음에 움직이는 수도 있다. 만약 양산단층이 움직이면, 남동해안을 따라 건설된 원자력발전소에도 좋지 않은 영향을 미칠 수 있어 두렵다. 최근 경주일대에서 일어난 지진도 마찬가지이다. 우리나라는 지진이 그렇게 없지만 조심해야 한다.

(2) 울진군 후포면 다툼고개에서는

울진군 후포면 다툼고개에서도 양산단층의 흔적을 알아 볼 수 있다. 그 곳이 바로 영덕-울산을 잇는 7번 국도를 따라, 후포면에서 평해읍으로 올라가다가 1.5km 정도에 있는 대원휴게소의 맞은편으로, 영신냉동 주식회사의 뒤쪽 언덕, 약 100m되는 곳이다.

그 곳에서 무너져 내리는 언덕과 잘게 갈라지고 찢어지고 얇은 조각으로 떨어지고 가루같이 부스러지는 바위덩어리를 보면, 누구라도 이곳이 보통지역과는 다른 곳이라는 것을 한 눈에 알 수 있다. 눈에 보이는 모든 돌덩이들을 손으로 집으면, 알갱이가 손에 집히지 않는다. 바로 단층에서 흔히 볼 수 있는 단층점토이다. 강철과 함께 딴딴한 것의 상징인 바위가 그렇게 보드라운 가루가 된 것을 보고 단층이라는 대자연의 신비한 위력을 다시 한 번 더 피부로 느낄 수 있고 감격한다. 원래의 바위색깔은 연두색이지만, 그 바위가 가루로 된 흙의 색깔은 붉은 갈색과 초록색이다. 비가 와서 흙이 물을 머금으면 진흙처럼 질척거리고 아주 무거워져 조심해야 한다.

여기에서 볼 수 있는 단층의 방향은 동북방향이며 남동쪽으로 기울어졌다. 이곳은 양산단층이 동해 속으로 사라지기 전이다.

과학백과 -- 단층이 만들어진 시기는?

단층이 만들어진 시기는 단층으로 잘린 지층이나 단층을 덮는 지층들을 보고 알 수 있다. 곧 만약 어느 지층이 단층으로 잘렸으면 단층은 분명히 그 지층이 쌓인 뒤에 생겼다. 또 단층이 어느 지층으로 덮였으면 그 단층은 지층보다 먼저 생겼다. 이 방법은 단층과 지층을 비교해, 단층이 생긴 상대시기를 아는 방법으로 흔히 쓰는 손쉬운 방법이다.

그러나 몇 천만 년 전 또는 몇 백만 년처럼 절대시기를 아는 방법도 있다. 바로 앞에서 말한 단층점토를 만든 광물의 나이를 재는 방법이다. 예를 들면, 점토광물의 하나인 일라이트라는 광물 속에 있는 칼륨(K^{40})이 아르곤(Ar^{40})으로 바뀌는 시간을 이용해 그 광물의 나이를 재면, 그 나이가 바로 단층이 생긴 나이이다. 이 방법은 오래 전에 만들어진 단층의 나이를 아는 방법이다. 최근에 만들어진 단층의 나이는 단층면에 있는 석영이나 장석 같은 광물에 포함된 방사선량을 측정해 알아낸다. 이 방법은 그런 광물들이 열이나 햇빛을 마지막으로 받은 다음에 지나간 시간을 아는 방법이다. 이 방법은 광자극 냉광 분광기라는 최신 연구장비를 쓴다.

5. 제주도와 한라산은

1) 제주도를 만든 바위는

열대식물들이 자라는 제주도는 한반도와는 다른 이국의 맛이 느껴진다. 그러나 그 보다는 제주도는 지질학으로도 아주 중요한 곳이다. 곧 제주도는 우리나라에서 가장 큰 화산섬이기 때문이다. 제주도는 동서길이 73km, 남북길이 31km의 타원형 섬이다. 바로 화산의 용암이 흘러 내려 타원형이 되었다. 높이 1,950m의 한라산은, 잘 알다시피, 한반도 남쪽에서는 최고봉이며 또 가장 높은 화산이다.

제주도의 거의 대부분을 차지한 현무암은 흑색이거나 진한 회색이며 상당히 무겁고 화강암처럼 특별한 방향성이 없이 깨어진다. 또 잘 들여다보면 어쩌다 보이는 약간 큰 광물을 빼고는 광물이 거의 보이지 않으며 구멍이 많이 뚫려있다. 제주도 특산물인 돌하루방을 만드는 바위가 바로 현무암이다. 또 시골집의 담은 보통 현무암덩어리로 되어있다. 그러므로 제주도에 "돌멩이가 많다"는 말도, 알고 보면, 현무암과 용암의 조각들이 많다는 뜻이다.

제주도 용암은 우리가 감히 상상하기 힘든 신기한 모습을 만든다. 용의 머리를 닮아 "용두암"이라는 이름이 붙은 바위가 대표이다. 용두암은 바다로 흘러든 현무암이 파도에 침식돼 만들어진 기묘한 모양의 바위이다. 구멍이 많은 현무암이 바닷물에 침식되면 그 모양이 더욱 기묘해진다. 또 서귀포 대포동에 있는 주상절리도 아름답고 신기하다.

멀리에서 본 제주도 한라산-한라산은 잘 흘러가는 현무암으로 만들어져 지형이 완만하다 - 사진 이광춘 상지대학교 명예교수

제주도를 만든 화산암에는 구멍이 많아 지하수가 빠져나가, 저장이 잘 되지 않는다. 그러므로 제주도에서는 물이 귀하다. 그러나 다행히 땅속에 있는 아주 옛날의 흙 속에는 물이 저장된다.

2) 제주도와 한라산이 만들어진 과정은

(1) 몇 단계를 거쳐

지하수를 찾으려고 바위를 뚫은 자료를 보면, 과거에는

제주도가 상당히 작아서, 바다가 지금의 제주도안쪽까지 들어왔다는 것을 보여주는 자료가 있다. 그러므로 제주도는 용암이 흘러내려 커졌다는 것을 알 수 있다.

제주도의 바탕이 되는 바위는 중생대 또는 아주 오래 된 신생대의 바위와 이를 뚫고 들어간 화강암이다. 제주도의 기반암은 바다 아래 250m에서 300m 깊이에 있다.

그 다음에 제주도는 네 단계를 거쳐 만들어진 것으로 보인다. 첫 단계는 지금부터 약 200만 년 전 용암이 솟아나면서 시작했다. 이때의 생긴 바위 가운데 하나인 상효 조면암은 돈내코 계곡의 제주청소년 야영장부근에서 볼 수 있다. 이 바위는 풍화되어 황갈색을 띠고 수 mm에서 수 cm의 얇은 판으로 쪼개져 다른 바위와 표가 난다. 이 바위가 제주도의 가운데에 둥글고 높은 언덕을 만들었던 것으로 보인다.

초기의 제주도는 다음 단계인 지금부터 180만 년 전에 가라앉아, 바닷물이 들어오고 퇴적층이 제주도의 주위를 따라 쌓였다. 한편 중심부에는 기반암이 깎인 자갈과 모래가 쌓였다.

다음 단계인 지금부터 87만 년 전 경에는, 해면이 낮아지면서 넓은 육지가 나타나, 지금보다 넓었던 것으로 생각된다. 시간이 가면서 제주도의 동쪽과 서쪽지역에는 표선리현무암 같은 현무암질 용암이 넓게 퍼져, 예컨대, 표선리 부근을 넓게 덮은 현무암은 약 60만 년 전에 흘러내렸다. 이 무렵 제주도의 가운데부분은 화산으로 높직했던 것으로 보인다.

마지막으로 약 7만 년 전에는, 지금 보는 한라산이 만들어진 것으로 보인다.

(2) 백록담은

　　제주도를 상징하는 한라산은 백록담에서 솟아난 용암으로 된 산이다. "하얀 사슴의 못"이라는 뜻의 "백록담"은 용암이 솟아나왔던 화구에 물이 들어 찬 화구호다. 용암 가운데 현무암 성질을 가진 용암이 많으며 현무암은 잘 흘러간다. 그러므로 이 바위로 된 지형은 아주 미끈하다. 배에서 보면 한라산이 아무리 높아도 제주도의 전체 풍경이 길이에 비해 섬이 낮고 경사가 급하지 않다는 것을 첫눈에 알 수 있다. 반면 한라산꼭대기는 낮은 곳과는 달리 상당히 험하다. 이는 시간이 가면서, 마그마의 성분이 달라져, 잘 흘러가지 않는 마그마가 나왔기 때문이다.

　　제주도의 전체지형은 한라산을 중심으로 동심원상이다. 그러나 그 규칙이 있고 단조로운 지형은 크고 작은 기생화산들로 깨어진다. 이는 마치 평탄한 껍데기에 돋아난 작은 가시 같다는 기분이 든다. 이런 것을

백록담은 용암이 흘러나온 화구에 물이 들어차서 생긴 화구호이다 - 사진 이광춘 상지대학교 명예교수

볼 때, 용암은 백록담에서 솟아올라 아주 고르게 흘러내려 한라산을 높이고 제주도를 크게 만들었다. 그러면서 기생화산들이 점점이 돋아났다.

지금은 제주도와 한라산이 연기를 뿜지 않는다. 그러나 1002년에는 북제주군 한림읍 앞에 있는 섬인 비양도가 연기를 내뿜었으며 1007년에는 안덕면의 군산이 연기를 뿜었던 기록이 있다. 1455년과 1670년에는 지진이 일어났다는 기록이 있는 바, 한라산과 제주도의 화산과 지진이 지금은 쉬고 있다는 생각이 든다.

3) 일출봉에서는

(1) 화산재가 굳어지고 무너지고

유명한 일출봉은 제주도 동쪽 끝에 있어 "해가 뜨는 봉우리"라는 뜻의 아주 둥근 분화구다. 분화구에서 흘러내린 용암과 공중으로 솟아오른 화산쇄설물이 분화구둘레에서 흘러 내려가 일출봉을 만들었다. "화산 쇄설물"이란 "화산폭발에서 깨어져 생긴 물질"이라는 뜻이다. 곧 용암조각과 돌덩어리와 화산모래와 화산재 같은 것들이다. 그런 것들을 잘 보면, 산기슭에 쌓였던 화산재가 갑자기 흘러내렸거나 굴러 내렸다는 것도 알 수 있다. 일출봉을 만든 물질은 주로 작은 자갈크기의 용암조각들과 현무암덩어리와 화산모래와 화산재다.

일출봉을 연구한 학자들은 일출봉은 화산재가 수직으로 또 수평으로 반복되어 쌓이면서 만들어졌다고 해석했다. 곧 화산이 터질 때, 하늘로 솟아오른 쇄설물들이 쏟아져 내려, 사방으로 흘러가면서 굳어져 높아졌다. 그 쇄설물들은 고르게 흘러내리지 않고 마치 손가락처럼 사방으로 퍼져 흘러내렸다. 이 화산재들이 너무 높게 쌓이자, 가끔 무너져 내려 다시 쌓이면서, 옆으로 퍼졌다. 분출이 멎은 다음에는 공기 속에서 깎였다. 침식된 원래의 화산재 층은 낮은 곳으로 운반되어 쌓였으며, 분화구가 가라앉으면서 단층도 생겨, 층은 끊어지기도 했다. 또 화산재는 아주 신기하게 쌓였다.

멀리서 바라본 일출봉 - 사진 상지대학교 이광춘명예교수

(2) "화산을 본 적이 없는 사람이 …"

일출봉은 화산재가 쌓이는 과정을 연구하기에도 아주 좋은 두 가지의 이유가 있다.

첫째, 일출봉은 최근에 만들어져, 화산재와 화산탄이 쌓인 과정이 뚜렷하게 보존되었다는 점이다. 그러므로 일출봉의 절벽에서는 꽤 오래된 화산에서는 보기 힘든 모습을 잘 볼 수 있다.

둘째, 화산재와 화산탄이 쌓인 모습이 파도에 깨끗하게 깎여 뚜렷하게 나타나기 때문이다. 아무리 신선한 모습이라도 풍화된 흙으로 덮이면 잘 알아 볼 수 없는 것이 보통이다. 그러나 다행히 일출봉에서는 화산재와 화산탄이 쌓인 모습이 옆으로 가면서 또 아래위로 가면서 아주 뚜렷하게 남아있다. 예컨대, 분출중심지에서 멀어지면서 나타나는 모습이 달라지는 것 하나 하나가 분명하게 보인다. 분출 중심지 가까운 곳에는 큼직한 화산탄도 있어, 그 곳이 분출지에서 먼 곳이 아니라는 것을 가리킨다. 이런 점에서 일출봉은 오래 된 다른 화산보다 훨씬 낫다.

화산에서 터져 나온 모래와 자갈과 화산재가 쌓여서 생긴 모습을 설명하는 외국 어떤 책에, 잘못된 내용이 실렸다고 한다. 그 뒤 외국의 어느 유명한 화산학자는, 우리나라학자들이 일출봉을 연구한 결과에 찬성하면서, "화산을 본 적이 없는 사람이 책을 써서 틀렸다"고, 그 책의 틀린 내용을 이야기했다. 그 책을 쓴 사람은 화산에서 터져 나오는 물질들이 흘러내리는 것을 보지는 못하고, 상상만 해서 책을 썼던 것으로 보인다. 이 이야기는 자연과학연구에서 실제를 보지 않은 상상이 얼마나 위험한지를 잘 보여주는 예라고 생각된다.

4) 제주도에 있는 동굴

(1) 화산동굴이 많아

제주도에 있는 만장굴과 협재굴과 김녕사굴이 용암동굴이라는 것은 우리가 잘 안다. 이런 굴들은 용암이 흘러 내려가는 힘

만장굴은 흘러내려가던 용암의 밀려 내려오는 힘으로 덜 굳은 용암이 뚫려서 생긴 용암동굴이다.
- 사진 이광춘 상지대학교 명예교수

으로 늦게 굳는 용암의 안쪽, 곧 속이 뻥 뚫린 굴들이다. 겉 부분은 공기에 닿아 빨리 굳어지므로 굴의 천장이 되었다.

　동굴의 천장에는 용암이 식으면서 만들어진 작고 신기한 것들이 보인다. 이른 바 "상어이빨"이라는 오톨도톨한 돌기들이다. 뜨거운 용암이 식으면서 방울방울 떨어지고 마지막으로 떨어지지 않은 용암방울이 상어이빨처럼 3각형으로 오톨도톨하게 굳었다. 용암방울이 물방울보다 무겁고 덜 흘러가, 물방울 모양과는 다른 모양이 되었다.

　만장굴은 2009년 유네스코 자연문화유산으로 지정되었다.

(2) 석회동굴도 있어!

　　　　제주도 북동쪽 해안에는 놀랍게도 석회동굴인 용천동굴이 있다. 화산섬에 웬 석회동굴이냐고 놀라겠지만, 사실이다. 바로 바로 제주도의 해안에 많은 조개껍데기나 그 조각들이 물에 녹아 땅속으로 스며든 석회성분이 가라앉아 굳어진 동굴이다.

용천동굴 자체는 용암동굴인데 석회성분이 두 가지 양상을 보인다. 첫째, 석회성분이 천장과 벽을 하얗에 만들었고, 둘째, 석회성분이 녹아 있는 물이 흘러내리면서 가라앉아 생긴 석순이 고드름 같이 달렸다. 그러나 석순은 굵지 않고, 아주 가늘고 길다. 식물의 뿌리를 타고 내려오면서 굳어진 것으로 보인다.

용천동굴에서는 동물들의 뼈들이 나온다. 주인공은 쥐 계통의 동물이 절대 많고 오소리와 사슴과 멧돼지이다. 그러나 뼈의 상태로 보아 화석은 아니고 꽤 최근에 죽은 동물들의 뼈이다. 이 말고도 그릇조각들이나 철로 만든 창이나 돌탑과 사슴 뼈처럼 먹다 버린 동물의 뼈도 발견되는 것으로 보아 사람들이 드나들었다는 것을 알 수 있다.

만장굴 부근에 있는 당처물동굴도 동굴자체는 용암동굴이며 석회동굴에서 볼 수 있는 석회석석순이 있다. 당처물동굴에는 노르스름하거나 미색의 가늘고 긴 종유석들이 수없이 달려있어 그 광경은 대단히 아름답고 신기하다. 또 동굴진주도 있다. 동굴진주란 석회성분이 가라앉아 생기는 동그란 덩어리이다.

현재 제주 화산섬과 용암동굴이 우리나라에서는 유일하게 2007년 6월 유네스코의 자연유산지역으로 지정되었다. 이는 전적으로 당처물동굴과 용천동굴 덕분이라는 것이 지질유산을 오래 연구한 이광춘 상지대학교 명예교수의 이야기이다. 이 동굴들이 용암동굴인데도 석회동굴에서 볼 수 있는 탄산칼슘으로 된 종유석과 석순과 석주와 동굴진주를 포함한 신기하고 화려한 동굴생성물들이 세계에서 유일하게 아주 아름답게 많이 발달했기 때문이다.

제주도 용천동굴과 당처물동굴은 용암동굴에 조개껍데기가 녹아서 생긴 탄산칼슘이 가느다란 석순과 석주를 만든 아주 드문 용암 - 석회동굴이다. 위쪽 사진은 용천동굴이며 아래쪽 사진은 당처물동굴이다. - 사진 이광춘 상지대학교 명예교수

5) 제주도의 모래와 퇴적암과 화석과 새발자국 흔적

(1) 제주도해안의 모래는

하얀 구름이 두둥실 뜬 파란 하늘과 바다를 배경으로 한 제주도해안의 하얀 백사장은 아주 예쁘다. 그 가운데서도 애월이나 함덕 또는 협재와 표선과 세화의 해안의 하얀 모래는 무엇이라 표현하기 힘들 정도로 아름답다.

하얀 모래들은 주로 조개껍데기조각, 붉은 해조류조각, 성게의 가시 조각, 바다에 사는 단세포동물과 태충류 조각, 광물과 작은 돌멩이로 되어있다. 그러나 생물조각이 90%를 넘는다. 그 가운데서도 조개껍데기조각은 60%가 넘는다. 조개껍데기 같은 생물조각은 깨어지고 부스러지면서 깎여 보통 하얀 색깔이다.

이호나 삼양이나 화순지역의 검은 색 모래와 중문지역의 누르스름한 모래도 아름답다. 검은 색의 모래 속에는 주로 응회암이나 다른 화산암처럼 부근의 바위를 만든 돌멩이조각들이 많다.

해안에 따라 모래알갱이의 크기도 차이가 난다. 중문해안의 모래알갱이가 가장 크며 애월과 화순의 모래알갱이도 큰 편이다. 반면 삼양, 협재, 표선의 모래알갱이는 아주 작다. 이호와 함덕과 세화의 모래알갱이는 중간크기이다. 모래의 크기에 따라 모래를 만든 물질이 다르다. 예컨대, 삼양해안의 꽤 큰 모래의 반은 태충류 조각이다. 약간 작은 모래는 석회조류이며 그 보다 더 작은 모래는 주로 조개껍데기조각으로 되어있다. 태충류란 바위표면에 붙어서 무리를 만들어 살아가는 단단한 껍데기를 가진 생물의 한 부류이다.

(2) 화석도 많이 나와

제주도에 화산암만 있지는 않고, 남쪽인 서귀포해안에는 바다 위 약 30m 높이로 나오는 퇴적암으로 된 지층이 있다. 곧 서귀포층이라고 부르는 이 지층에서는 70종이 넘는 조개화석을 포함해, 아주 작아 눈에 보이지 않는 동물들의 화석이 나온다. 이 화석들로 보아, 당시 그 곳은 얕고 따뜻한 바다였으나 간혹 찬물의 영향도 있었던 것으로 보인다. 또 깊이도 달라져서, 과거의 환경이 바뀌었다는 것을 보여준다.

이 지층의 시대는 신생대후기로 지금은 바다물 위에 있으나, 처음에는 얕은 바다의 밑바닥에서 쌓였다가 굳어져 나타났다. 얼마 되지 않는 서귀포층은 천연기념물로 보호된다. 그러나 훼손되어 점점 없어지는 것이 안타깝다.

2012년 제주도 서귀포층에서 백상아리의 이빨화석이 발견되었다. 삼각형에 높이가 31.3mm에 최대폭이 29.5mm인 이 이빨에는 앞뒷날에 미세한 톱니가 있다. 톱니의 크기와 간격은 불규칙하다. 백상아리는 아열대지역의 바다에서 주로 서식하는 것으로 보아 서귀포층이 쌓였을 때, 일대의 바다는 따뜻했다는 것을 알 수 있다.

이 백상아리의 이빨화석은 위에서 말한 포항에서 나온 상어 메갈로돈 이빨의 반 정도 크기이다. 이빨의 크기와 상어의 크기가 어느 정도 상관관계가 있을 것이다. 그 관계가 밝혀지면 흥미로운 결과가 나올 것이다.

또 제주도 동쪽 끝에는 신양리 층이 있다. 신양리층은 일출봉이 터지면서 주로 화산재와 화산모래가 쌓인 지층이다. 그러나 일출봉에서 직접 날아와 쌓인 것은 아니고, 한 번 떨어진 화산재가 다시 옮겨져 쌓였다. 신양리층에서도 아주 작은 동물과 식물의 화석들이 나왔다. 이들로 보아, 그 지층은 5천 년전에 따뜻한 바닷물이 밀려온 만 같은 곳에서 쌓였다는 것을 알 수 있었다.

서귀포층에서 발견된 백상아리 이빨화석. a와 b는 각각 이빨의 안쪽 면과 바깥쪽 면, c와 d는 각각 이빨의 앞쪽과 뒤쪽의 면, e와 f는 각각 위쪽과 아래쪽에서 본 모습. 축척의 크기는 1 cm, 그림출처 이용남 외 2014, 대한지질학회.

(3) 사람과 동물들의 발자국화석도 나와

사람발자국화석이 -- 2004년 송악산 앞 서쪽 하모리 해변에서 사람의 발자국과 말을 비롯한 동물들의 발자국화석들이 많이 발견되었다. 사람이 걸어간 방향은 3 방향으로 나있으며, 각각 방향에 따른 발자국은 평균길이 226mm에 폭 120mm 정도, 길이 201mm에 폭 106mm, 249mm에 폭 120mm 정도이다.

가장 큰 발자국의 주인공의 키는 키 161cm 정도의 어른이며 가장 작은 발자국의 주인공은 129cm 정도의 어린아이로 보인다. 이렇게 추정할 수 있는 이유는 사람의 발 크기는, 인종이나 성별에 따라 다르지만 대략 키의 15~15.5%이기 때문이다.

동물의 발자국에는 노루나 사슴처럼 발굽이 2개인 동물의 발자국이 가장 많다. 뾰족한 앞쪽과 앞쪽으로 깊게 파인 발자국 모양으로 주인공을 짐작할 수 있다. 또 고양이 계통 동물의 발자국이 있다. 큰 발자국의 길이와 폭은 100mm 정도이며 58mm 정도는 작은 발자국이다. 크기는 달라도 둥그스름한 발바닥에 4개의 발가락이 뚜렷하다. 나아가 40~36cm 크기의 큼직한 앞발자국과 30cm 정도의 뒷발자국에 보폭이 2.45m인, 아주 큰 동물이 걸어간 자국도 화석으로 나온다. 이 화석의 주인공은 추울 때 살았던 코끼리계통의 동물인 매머드로 생각된다.

이 외에도 여러 종의 새 발자국과 무척추동물의 화석도 있으며 물고기의 지느러미가 바닥을 끈 흔적도 나온다. 길이는 수 cm에 폭과 깊이가 1mm가 되지 않아도 양쪽에 쌍으로 나오며 거리가 일정한 것으로 보아 물고기의 흔적이라는 것을 알 수 있다.

이 발자국 화석들의 나이가 25,000~19,000년 정도라는 것을 보아, 바다가 지금보다 상당히 낮았을 때, 한반도에서 건너간 사람들과 동물들이 남긴 것으로 생각된다. 1만8천 년 전 마지막 빙하기가 아주 기승을 부릴 때였으므로 기온도 대단히 낮았고 바다도 지금보다 130m나

낮았다. 그보다 수 천 년에서 1천년 정도 빨라도 바다의 수면은 비슷했을 것이다. 제주도 사람발자국 화석은 중국에 이어, 아시아에서는 같은 시기에 발견된 두 번째 인간발자국 화석이다.

또 사람발자국화석이 -- 2012년 8월 하순 큰 태풍 볼라벤이 한반도를 덮쳤다. 그 때 일어난 높은 물결에 제주도의 해안이 벗겨지면서, 사람과 새의 새로운 발자국 화석들이 더 발견되었다. 이들 화석이 나온 층은 2004년에 발견한 층과 같거나 아주 비슷하다.

사람발자국 화석은 각 4개와 3개의 발자국으로 걸어갔던 자국이다. 전자의 크기는 약 25cm이고 후자의 크기는 23cm이다. 이런 것으로 보아 전자의 주인공 크기는 키가 150cm 정도로 생각되며 후자의 키는 144cm 정도로 추정된다.

제주도에서 발견된 사람발자국 화석. - 사진 이광춘 상지대학교 명예교수

새발자국화석에는 큰 발자국과 작은 발자국 두 가지가 있다. 큰 발자국은 길이와 폭이 각각 16cm, 13cm이며 네 개의 발가락의 흔적이

뚜렷하다. 발자국의 크기와 모양으로 보아, 주인공은 황새처럼 물가에서 사는 새로 보인다. 작은 발자국은 길이와 폭이 각각 7~7.5cm, 7.5~8cm이며 발가락 끝에는 발톱자국이 뚜렷하다. 발자국의 크기와 모양으로 보아 주인공은 기러기나 오리 같은 물새계통의 새로 보인다.

2015년 사람발자국의 절대연령이 과거에 알려진 것처럼 15,000년 전이 아닌 3,700년 전이라는 주장이 나왔다. 만약 그 주장이 맞는다면, 발자국들은 화석이 아니라 흔적이다. 이런 중대한 차이는 전자와 후자의 절대연령이 산출된 재료를 지질학적으로 해석하는 눈의 차이 때문이다.

(4)새발자국 흔적도 있어

사람과 동물 발자국 화석 말고도 귀한 흔적이 있다. 바로 물새의 발자국이다. 화산재가 쌓여 굳어진 두 개의 지층에 있는 발자국은 모두 40개가 넘는다. 발가락 세 개가 뚜렷해, 한 눈에 새 발자국

제주도 서남쪽 모슬포 해안에 있는 새발자국.

이라는 것을 알아 볼 수 있다. 잘 보면 물갈퀴가 희미하게 보여, 주인공이 물새라는 것도 알 수 있다. 화산재가 진흙보다는 알갱이가 커, 곧 더 굵고 물갈퀴가 물을 밀어내는 데에 쓰이면서 몸무게를 덜 받아, 물갈퀴가 선명하지는 않다. 발자국이 많이 나오는 층에서는 발자국들이 바다 쪽으로 향하여 긴 에스(S) 자 모양으로 나타나, 새가 걸었던 모습을 상상할 수 있을 정도이다. 이 새발자국이 나오는 화산재 층은 수면보다 조금 높은 곳에 쌓인 것으로 생각된다. 새발자국은 약 4천 년 된 것으로 보인다.

새발자국에 얽힌 일화 — 새발자국 흔적을 발견하게 된 일화가 있다. 바로 송악산의 바위를 연구했던 사람이 아주 오래 전에 해안에서 소라를 지키던 할아버지와 이야기를 하게 되었다. 바위를 연구한다는 말을 듣자, 그 할아버지가 모래를 치우고 새발자국을 보여주었다. 그 할아버지 덕분에 좋은 흔적이 발견되었다. 이 새 발자국은 화산재에 생긴 물새의 발자국이라는 점에서 가치가 크다. 그러나 바다에 너무 가까워, 지금은 모래에 덮여있어 안전하다고 생각되지만, 파도에 씻겨 없어질까 두렵다.

6. 백두산은

백두산은, 잘 알다시피, 한반도에서 가장 높은 산이다. 백두산을 중심으로 함경북도와 만주를 덮은 용암지대는 넓고 평탄하다. 용암은 백두산에서 주로 솟아올랐지만 그 남동쪽에 있는 높은 두 화산에서도 솟아올랐다.

백두산의 북쪽지역인 높이 1,000m인 곳에서 1,800m 정도 되는 곳까지는 천천히 높아진다. 1,800m되는 곳에서는 백두산의 꼭대기가 보이기 시작하며 꼭대기까지 경사가 아주 급해진다. 그러므로 백두산은 완만하게 높아지는 평지에서 갑자기 솟아난 봉우리처럼 보인다.

백두산은 지금부터 2,000만 년 전에 현무암성분의 마그마가 지면의 약한 곳에서 솟아오르면서 만들어지기 시작했다. 그 후 500만 년 동안 두 번씩이나 같은 마그마가 솟아올랐다. 화산은 이후 310만 년 전까지도 세 번씩이나 더 터져, 용암들은 백두산을 중심으로 200~300km나 흘러, 높이 1,000m 정도의 현무암대지를 만들었다. 개마고원은 이 때 만들어졌다. 그 다음에도 화산은 계속 터져, 그렇게 급하지 않은 현무암고지를 1,800m까지 만들었다. 시간이 더 지난 후에도 몇 차례나 터져, 성분이 다른 용암들과 화산재가 쌓여, 지금처럼 높아지고 험해졌다.

백두산 천지는 커다란 화구가 무너진 칼데라에 물이 들어찬 칼데라호수이다. - 사진 정회철 환경전문사진사

백두산은 1,400년 전과 1,000년 전에도 폭발했다. 또 1597년 8월 26일과 1668년 4월과 1702년 4월 14일에도 폭발한 기록이 조선왕조실록에 있다.

　백두산은 꼭대기가 눈으로 하얗게 덮여 "백두산(白頭山)"이라는 이름이 나왔을 것이다. 실제 백두산의 꼭대기는 하얀 부석(浮石)으로 되어있다. 그러므로 백두산은 지질학으로도 백두산이다. 부석은 보통 하얀 색깔이며, 이름 그대로, 돌인데도 물에 뜬다. 높은 압력을 받던 기체가 갑자기 빠져나가면서 생긴 빈틈이 워낙 많아 아주 가볍기 때문이다.

　백두산 꼭대기 가까운 곳에서 볼 수 있는, 최근에 쌓인 화산재와 용암들이 대자연속에서 풍화되고 깎이는 모습은 무어라 표현할 수 없도록 신비하다. 또 백두산부근에서는 탄화목 흔적도 볼 수 있다. 탄화목이란 나무들이 용암이나 화산재로 꽉 덮여서, 산소가 없어 타서 없어지지 않으면 만들어지는 딴딴한 덩어리이다. 숯이 만들어지는 원리와 같은 원리이다.

백두산 천지는 화구가 무너져 내린 곳에 물이 들어찬 칼데라호수이다. 그런 점에서 백록담과 다르다. 화구는 시간이 지나면 무너져 내리는 게 보통이다. 그런 것 가운데 지름이 1km를 넘으면 칼데라라고 하고, 칼데라에 물이 차면 칼데라호수라고 한다. 천지의 크기는 남북방향이 5km이며 동서방향으로 3.7km이며, 평균깊이는 213m이며 가장 깊은 곳은 383m이다. 천지가 겨울에는 얼지만 수온은 1년 내내 평균 9℃로 아주 시원하다.

천지의 물은 북쪽에 있는 장백폭포에서 떨어져 만주를 북쪽으로 흐르는 송화강으로 흘러간다. 반면 압록강은 장군봉 남서쪽기슭 3km 정도에서 시작하며 두만강은 백두산 동쪽기슭에서 시작한다. 그러므로 천지의 물은 땅속을 지나 이 두 강으로 흘러나간다.

모든 활화산의 화구나 부근의 지하 수 km 아래에는 마그마가 모여 있는 마그마 챔버(방)가 몇 곳이나 있다. 마그마 챔버에 모여서 서서히 움직이는 마그마의 압력이 어느 한계를 넘으면 위로 솟구쳐 나올 것이다. 이는 끓는 물이 넘치는 것을 생각하면 쉽게 이해할 수 있다.

과거 946년에는 백두산에서 한반도 남쪽 전체를 두께 50cm로 덮을 정도의 화산분출물이 분출했다는 연구가 있다. 이 폭발은 영국 캠브리지대학교 클라이브 오펜하이머교수의 말을 따르면 지난 2,000년 사이에 지상에서 폭발된 화산에서 규모가 가장 크다고 한다. 그러나 그 후에는 백두산에서 폭발다운 폭발이 없었다. 그 동안 지하에서는 마그마가 생겼고 그만큼 마그마 챔버의 압력이 높아졌을 것이다. 그러므로 백두산이 새로이 폭발한다면 아주 무섭게 폭발할 것이라는 것이 화산학자들의 의견이다.

　최근 한국지질자원연구원에서는 백두산의 폭발을 예상하고 감시해서 피해를 줄이려는 방안을 찾고 있다.

과학백과 -- 백두산이 폭발할까?

백두산의 역사를 보면, 백두산의 화산활동은 점차 약해지는 것처럼 보인다. 그러나 마음을 놓을 수 없는 게, 백두산이 멀지 않아 폭발할 것이라는 의견이 있기 때문이다. 곧 최근 백두산이 아주 조금씩 높아지고 산에서는 작은 지진도 자주 일어나고 가스가 분출되고 온천수의 수온도 높아진다. 이는 백두산 아래 깊은 곳에 있는 마그마가 천천히 움직이는 조짐으로 생각해도 좋을 것이다.

백두산의 화산활동을 아주 오래 연구한 부산대학교 윤성효교수의 말로는 화산은 오르내리는 운동을 되풀이하다가 어느 순간에 폭발한다. 그러나 폭발하기 전에 화산의 움직임을 미리 쉬지 않고 오래 관측한다면 피해를 막을 수 있다. 예컨대, 필리핀과 미국의 화산학자들은 피나투보화산이 폭발하기 전에 그 화산을 관측해 큰 피해를 막았다. 그러나 윤교수는 우리나라에는 백두산 폭발을 예상할 자료가 없다고 안타까워한다.

포항과 제주도의 신생대 지층들의 순서

지질시대		포항		제주도
제4기	홀로세-1만1,700 년 전			신양리층-송악산 응회암
	플라이스토세			서귀포층
	258만 년 전			
신제3기	플라이오세 533만 년 전			
	마이오세	후기 1,160만 년 전	연일층군	두호층
				이동층
		중기 1,600만 년 전		흥해층
				학전층
				천곡사층
				단구리역암
		전기 2,303만 년 전	장기층군	
			범곡리층군	

6장

출렁거리는
우리의 바다와 해안

우리의 바다인 서해나 남해는 깊지 않고 바닷물이 따뜻한 반면 동해는 깊고 파랗고 차갑다. 서해는 1억 년 전부터 만들어졌고 동해는 그 보다는 젊다. 서해안과 남해안에는 넓은 개펄이 있어도 동해안은 모래로 된 좁은 해변이 있을 뿐이다. 또 바닷물은 겨우 수천 년 전에 올라와, 해안이 지금처럼 되었다.

1. 서해와 남해와 해안은

1) 서해의 역사는

(1) 가라앉으면서도 간혹 멈춰

서해와 남해는 한반도가 연장된 곳이다. 그러므로 그렇게 깊지 않아, 서해의 평균깊이는 44m이며 최대깊이는 100m가 조금 넘는다. 서해에서 석유를 찾으려고 했던 조사한 자료를 해석하면, 서해 밑바닥 깊은 곳에는 백악기지층과 화강암과 변성암이 있다. 이들이 서해 밑바닥의 바탕이 되는 바위, 즉 기반암이다.

생명력이 넘치는 개펄-사진은 신안군에 있는 개펄이다. - 사진 우경식 강원대학교 교수

서해는 백악기후기에 벌어지기 시작해, 부분 부분이 작은 분지로 나뉘어져 퇴적물이 쌓였다. 신생대 제 3기에도 서해북부의 서한만 분지, 서해남부의 군산분지, 흑산분지, 이어도분지 같은 분지가 생겼다. 군산분지는 군산 앞 먼 곳에 있으며 흑산분지는 흑산도의 서쪽에 있다. 이어도분지는 제주도의 남서쪽 멀리에 있다. 이어도는 제주도 남쪽 멀리 물속에 잠겨있는 암초이다.

서해에 쌓인 지층, 그 가운데서도 퇴적암의 두께는 약 7km에서 8km 정도로 보이며, 대부분이 신생대에 쌓여, 두꺼우면 약 6km 정도이다. 서해에 쌓인 퇴적물 속에는 석유가 된 유기물질도 있어, 실제 지금 한반도 북쪽 서해 서한만에는 큰 유전이 있다는 보도도 있다.

한편 서해는 고생대 또는 그 이전부터 있었다는 주장도 있다. 서해의 가장 밑바닥을 만든 지층의 지질구조는 대단히 복잡하고 지층이 만들어진 지질시대도 문제이다.

(2) 지금도 가라앉아

서해로 흘러드는 강에서 황하와 양자강이 워낙 커서 많은 퇴적물이 그 강에서 들어온다. 예컨대, 황하는 1년에 10억8천만 톤, 하루에 300만 톤의 퇴적물을 배출한다. 양자강이 옮기는 양은 황하가 옮기는 양의 반을 약간 넘는다.

황하가 하루에 운반하는 퇴적물의 양은 5톤을 싣는 쓰레기차로 60만 대 분이다. 이 퇴적물을 실은 쓰레기차가 차체를 넣어 10m 간격으로 늘어선다면 6,000km가 된다. 6,000km는 서울에서 알래스카 앵커리지까지 거리이다. 대자연이 얼마나 위력이 있는 가를 잘 보여주는 예이다. 한편 인도 갠지스강이 세계에서 퇴적물을 가장 많이 운반해, 1년에 16억7천만 톤, 하루에 450만 톤을 운반한다.

이렇게 많은 양의 모래와 자갈과 펄이 서해로 들어와도 서해가 계속해서 가라앉기 때문에 메워지지 않는다. 실제 서해는 약 1억 년 동안 가라앉았지만 지금도 가라앉는다. 약 4,000년 전부터 1,300년 전까지 매년 1.4mm 정도를 가라앉았다는 연구가 있다.

과학백과 -- 서해를 만든 지층은?

서해를 만든 지층을 연구한다는 것은 우리나라의 지질을 아는 데 대단히 중요하다.

첫째, 서해바닥에는 한반도에 없는 지층이 있기 때문이다. 우리나라 땅에는 중생대 후기백악기부터 신생대 초에 걸친 지층은 없다. 그러나 서해해저에는 그때 지층이 있다. 또 그 지층 속에는 당시의 화석이 있으리라 생각된다. 그러므로 서해해저를 연구하면 그 곳을 만든 지층의 시대와 그 지층이 쌓인 환경을 알 수 있다.

둘째, 중국의 지층이 우리나라지층과 연결된다는 주장이 있는 바, 이 주장을 확실히 알기 위해서도 꼭 필요하다. 만약 그 주장이 맞으면 지질구조를 가리키는 선이 서해바닥을 지나간다고 보아야 한다. 그러나 그 선은 적어도 군산 앞바다를 지나가지 않는 것으로 보인다. 이 선이 서해바닥에서 북쪽으로 올라간다는 주장도 있다.

(3) 난류의 영향이 지층 속에 남아있어

우리나라 주변의 남쪽에서는 따뜻한 난류가 올라가고 북쪽에서는 찬 한류가 내려온다. 난류 지금도 남쪽에서 올라오지만 과거에도 올라왔다. 이 사실은 서해 퇴적물 속에 있는 아주 작은 화석을 연구하면 알 수 있다. 예컨대, 유공충이라는 바닷물에 사는 세포가 한 개인 작은 동물의 껍데기가 그런 화석 가운데 하나이다. 이 동물에는 바다의 바닥에서 사는 종과 물에 떠서 사는 종, 크게 두 부류가 있다.

바닥에서 사는 종은 바다의 깊이나 염분 또는 바다의 성질을 가르쳐준다. 현재 서해의 밑바닥에 살고 있는 이 동물은 남쪽 따뜻한 바다로 내려갈수록 염분이 높아지면서 종이 많아진다. 그러나 한강하류나 금강하류는 염분이 낮아, 그런 곳에서 사는 몇 종이 주로 살고 있다. 환경에 민감했던 몇몇 종은 환경을 나타내는 좋은 화석이 된다.

서해밑바닥의 모래에서 나오는 동물화석들의 변화로 옛날 서해에서 있었던 바다환경의 변화를 추적할 수 있다. 예컨대, 떠서 사는 동물들은 남쪽으로 또 해안에서 멀어질수록 많이 나와 그들이 먼 바다에서 왔다는 것을 보여준다. 즉 서해에서 난류의 영향을 가리킨다. 난류는 지금은 목포남서쪽까지만 영향을 미친다. 그러나 과거에는 난류가 금강하구 앞 바다까지 올라왔다.

(4) 매머드의 이빨조각이 나와

위에서 말한 화석은 아주 작은 화석이다. 그러나 아주 큰 화석도 나온다. 바로 1996년에 서해 상왕등도 부근에서 발견된 2점의 매머드의 이빨조각이 그런 화석이다. 길이 20cm, 폭 8cm에 두께

1cm 정도의 납작한 판으로 나온 이 화석은 조직으로 보아, 매머드 이빨 표면의 일부이다. 진한 갈색이나 회색의 표면에는 길이방향으로 두께 2~4mm의 굵은 선들이 보여 코끼리계통 초식동물의 이빨에 특이한 조직이 있다. 또 길이 방향에 직각으로 굵기 1mm가 되지 않는 성장선이 촘촘하게 있다. 단면에서는 바깥에 있는 에나멜 층이 안쪽의 상아질을 둘러싸고 있다.

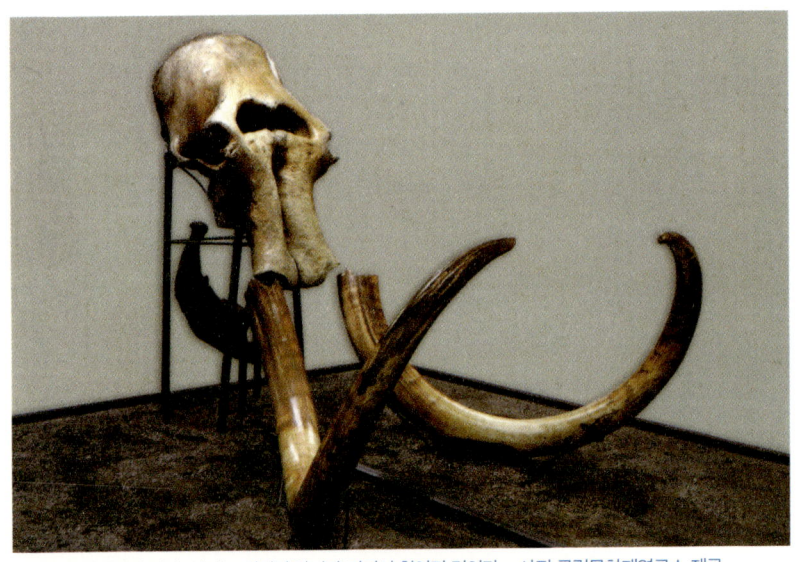

매머드의 머리뼈와 상아. 상아는 위턱의 앞니가 커져서 휘어진 것이다. - 사진 국립문화재연구소 제공.

이 이빨은 주인공이 빙하기에 서해가 땅이었을 때, 서해에서 살았거나 한반도에서 살다가 죽은 다음 서해로 흘러든 것으로 보인다. 어떤 경우이든 이빨조각을 남겨서 자신이 살았다는 것을 보여준다. 이런 것을 보아 잘 하면 매머드 골격이나 좀 더 완전한 상아화석도 기대할 수 있을 것이다. 실제 한반도에서는 함경북도 화대군 장덕리의 호수퇴적층에서 매머드의 골격과 상아가 화석으로 발견되었다. 일본 바다에서도 매머드 화석이 발견된 적이 있으며 연대가 2만-4만8천 년으로 보고된 화석도 있다. 덧붙이면 코끼리나 매머드의 잘 생긴 상아는 어금니나 송곳니가 아니라 위턱의 앞니이다.

2) 서해안의 넓은 개펄은

(1) 7,000 년 전에 물에 잠기기 시작해

서해안에는 개펄이 인천 앞부터 남쪽으로 내려가면서 넓게 나타난다. 그러나 언제나 그렇지는 않았다. 빙하가 마지막으로 극성을 이루었을 때에는 한반도의 서해안과 남해안을 비롯한 대륙주위는 모래벌판이었다. 그 때 지구는 상당히 추워서 바닷물은 얼음이 되어 육지의 1/3 정도는 약 2km의 두께로 덮여있었다. 당시에는 서해와 남해라는 바다가 없었으므로 중국이나 제주도까지 걸어갈 수 있었다. 한일해협에는 가운데 좁은 물길이 있어, 그 물길만 건너면 일본까지 갈 수 있었다. 물론 동해는 아주 깊은 바다이어서 그 때도 지금처럼 바다였다.

그러나 11,700년경 전부터 지구가 따뜻해지기 시작하면서, 남극대륙과 시베리아와 북아메리카와 유럽북부지방을 덮었던 빙하가 녹기 시작했다. 그에 따라 바닷물이 높아지면서 대륙과 한반도주위의 낮은 육지가 물에 잠기기 시작했다. 서해는 깊어지기 시작했고 중국과 한반도에서 모래와 진흙이 흘러 들어왔고 서해안에는 개펄이 생기기 시작했다.

박용안 서울대학교 명예교수의 연구를 보면, 서해는 7천 년 전까지 빨리 높아져 지금과 같은 높이가 되었다. 그러므로 현재 눈에 보이는 서해개펄은 지질학으로 말하면 최소한 7천 년 전에 생기기 시작한 곳이다.

(2) 개펄은 서해의 선물

　　서해안은 복잡하고 섬들이 많아 바다에서 막혀있다. 또 진흙이 중국에서 많이 흘러들어온다. 나아가 동해보다 밀물과 썰물의 차이가 크고 바다의 바닥이 완만하고 파도가 그렇게 높지 않아 개펄이 아주 넓고 평탄하다. 곧 밀물에 밀려온 진흙들이 멀리 떠가지 못하고 해안 가까운 곳에 가라앉아, 개펄이 생겼기 때문이다. 개펄은 밀물에는 바닷물로 덮이고 썰물에는 노출되는 조간대의 하나이다.

　　개펄에서는 낙지와 조개와 갯지렁이 같은 해산물들이 아주 많이 살아, 그 수입이 적지 않다. 잘 알다시피 개펄은 농토와 다르다. 곧 개펄에서는 씨도 뿌리지 않고 비료나 농약도 필요 없다. 그냥 물이 빠졌을 때, 조개는 캐면 되고 굴은 따면 되고 짱뚱어는 낚시로 낚으면 되고 낙지는 구멍을 따라 파 들어가면 된다.

　　개펄이 시커멓고 미끄럽다고 미워할 필요 없다. 개펄은 더럽지 않고 아주 깨끗하고 건강하다. 그러므로 충청남도 보령에서는 해마다 개펄 잔치를 벌려 사람들을 끌어들인다. 미끄러져도 다칠 일이 없는 개펄에서는 누구라도 미끄러지는 것을 무서워하지 않는다. 또 시커먼 개펄 진흙을 자신의 얼굴과 몸에 바르고 친구에게 발라주고 즐거워하고 떠든다. 또 지금은 위세가 많이 줄었지만 서해안의 염전에서는 소금을 만든다. 물론 서해안에서도 대천처럼 장소에 따라서는 개펄 아닌 고운 모래로 된 해수욕장도 있다.

3) 남해와 남해안은

물이 든 순천만 개펄. - 사진 우경식 강원대학교 교수

한반도 남쪽 바다인 남해는 서해와 동해사이에서 완충구실을 한다. 남쪽에서 올라오는 구로시오해류는 남해에서 갈라져 서해와 동해로 흘러든다. 남해안이 복잡해도 깊은 동중국해로 열려있어, 서해만큼 갯펄이 생기지 못한다. 그래도 삼천포처럼 "포구가 3천 개"나 있는 곳도 있으며, 거제도와 외도와 사량도와 욕지도와 두미도처럼 아름다운 섬들이 있다.

남해도 깊지 않아서 한반도에 가까운 쪽은 빙하시대 바다가 낮았을 때에는 땅이었다. 그 때의 흔적이 부산 앞에는 남아있어, 예를 들면, 수심 120m 정도 되는 거제도나 부산 앞바다에서 시추기로 바다밑바닥을 시추하면 해저에서 30cm 정도 들어간 다음 바닥이 딴딴해 더 들어가지 못한다. 이는 바로 그 부분이 과거의 해안이기 때문이다. 전라남도 해남군의 조간대에서도 같은 현상이 있다. 즉 모래밭에서 15m 정도를 시굴하면 황갈색의 단단한 흙을 만난다. 그 흙에서는 옛날 그 곳에서 살았던 게의 구멍이 화석으로 나온다.

서해도 그렇지만 남해는 넓은 동중국해로 연결된다는 점에서, 남해의 모래와 진흙 속에는 외해와 연결된 증거들, 예컨대, 미고생물이나 점토광물 같은 증거들이 많을 것이다. 미고생물이란 아주 작은 생물체로 생물전체를 보는데 현미경이 필요한 화석을 말한다. 크기가 작아 작은 양의 퇴적물에서 많이 나와 연구하기에 아주 좋아 석유회사에서 빠뜨리지 않고 연구하는 화석이다.

개펄은 경사가 아주 완만해서 물이 아주 멀리 있는 것 같아도 밀물 때에는 빠르게 차오른다. 또 개펄이 평탄하게 보여도 수로는 아주 깊다. 그러므로 자칫하면 개펄에서 위험한 상태에 빠질 수 있어, 처음 개펄로 가면 조심해야 한다.

남해와 남해안도 서해처럼 빙하기가 끝나면서 바닷물로 덮이기 시작했다. 남해안은 섬이 많아도 넓은 바다에 열려있고 밀물과 썰물의 차이가 작아 개펄이 그렇게 넓지는 않다.

2. 동해와 동해에 있는 섬들은

1) 동해의 탄생과 역사는

(1) 동해 해저지형과 단층은

후포뱅크는 -- 동해는 잘 알다시피 한반도와 일본열도와 러시아의 연해주와 사할린 섬으로 둘러싸인 깊은 바다이다. 동해는 약간 늘어난 마름모꼴 또는 다이아몬드를 닮은 모양의 바다이다. 동해의 넓이는 105만 km²이며 가장 깊은 곳은 3,762m이다.

동해안에서 바다 쪽으로 나가면서 바다는 급하게 깊어진다. 예컨대, 영덕군 후포 앞에는 수심 230m 정도로 우묵한 곳이 있어 후포분지라고 불린다. 후포 앞 약 30km에는 바다가 갑자기 얕아지는 곳, 즉 해저가 높아진 곳이 있다. 이 지역의 물깊이는 10m에서 200m 정도이며 후포뱅크라고 불린다. 후포뱅크의 폭은 1km 에서 14km이며 동해안에 평행하며 길이는 100km 정도이다.

후포뱅크는 그 서쪽의 후포단층 때문에 높아졌다. 후포단층은 경상북도 장기곶 끝에서 북쪽으로 동해안 해안선과 비슷하게 길이가 100km 정도가 된다. 후포단층의 경사는 거의 수직이며 단층의 오른쪽, 곧 동쪽이 남쪽으로 움직이고 위로 솟았다고 볼 수 있다. 후포단층은 남쪽으로 35km 정도를 움직인 것으로 보인다. 후포단층은 약 1,000m 정도를 솟아오른 것으로 밝혀졌다. 반면 후포단층의 서쪽, 즉 후포분지의 동쪽은 떨어졌으나 서쪽은 단층으로 다시 올라갔다. 그 결과 후포분지는 동쪽으로 기울어지며 깊어졌고 퇴적물로 메워지고 있다.

　　　울릉분지는 -- 후포분지 남쪽에는 영덕분지가 있다. 영덕분지는 양산단층과 후포단층 사이의 마름모꼴로 함몰지대인, 이른바, 지구에 해당한다. 영덕분지에는 커다란 주분지 말고도 북쪽과 남쪽에 각각 한 개의 작은 분지가 있다. 영덕분지의 표면에는 두께 30m가 되지 않는 얇은 퇴적물이 딴딴한 바위 위에 쌓여 있다. 영덕분지의 동쪽 경계는 후포단층의 서쪽가지이다.

　　　울릉도남쪽-독도서쪽바다는 아주 깊어 이를 울릉분지 또는 울릉해분(海盆)이라고 부른다(해분이란 깊은 바다에서 바다 밑바닥이 우묵하게 되어 상당히 깊

경상북도 울진군 죽변면에 있는 한국해양과학기술원 동해연구소의 홍보관. 동해를 알고 싶으면 꼭 가보아야 한다. 한국해양과학기술원 동해연구소 홍보관에서 캡쳐.

은 곳을 말한다). 울릉분지의 깊이는 1,500m에서 2,100m에 이른다. 울릉분지는 대륙지각이 당겨져 늘어나면서 우묵하게 된 곳으로, 지각의 두께는 15km 정도이며, 그 위에 두께 약 2km의 퇴적물이 쌓여있다. 한편 동해에는 퇴적물이 두껍게 쌓여, 포항 앞에서는 신생대지층만 두께가 10km가 넘는다.

동해바다 속에 있는 울릉단층은 일본 규슈 서쪽해저에서 대한해협을 지나 울릉도의 남서쪽 80km까지 북동-남서방향으로 발달된 길이 약 700km의 큰 단층이다. 울릉단층의 동쪽은 해저지형이 갑자기 깊어져 동쪽의 울릉해분과 그 서쪽의 한반도사이에 경계선이 된다. 위에서 말한 후포단층은 울릉단층과 평행하며 한반도 쪽에 있다.

(2) 동해의 역사는

약 3,200만 년 전에는 -- 지금까지 밝혀진 바로는 약 3,200만 년 전 일본열도는 지금처럼 휜 것이 아니라 곧아서 일본열도의 끝은 우리나라의 남동쪽 앞 바다에 있었으며 북동-남서방향으로 길게 배열되어 있었다. 그 때 일본열도가 동쪽으로 움직이면서 원시동해의 북서쪽 바다밑바닥이 얇아지고 늘어나기 시작했던 것으로 보인다. 원시동해는 아시아대륙과 일본열도사이에 끼인 꽤 좁고 긴 바다였다.

드디어 지금부터 2,300만 년 전에 태평양이 유라시아대륙에 부딪혀, 아래로 들어가는 힘으로 원시동해는 제대로 열리기 시작했다. 원시동해가 열리면서, 아시아대륙과 일본열도사이의 원시동해의 해저가 남쪽방향으로 당기는 힘으로 갈라지기 시작했다. 이에 따라 일본은 아시아대륙에서 떨어지기 시작해, 남쪽으로 끌려가기 시작했다.

이승만 대통령 별장에서 북쪽으로 바라본 동해안   낙산사에서 본 쏠 비치

　　동해는 약 500만 년 동안 넓어지기 시작했으며 지금보다 작은 울릉
분지가 만들어졌다. 또 이 때 당기는 힘으로, 위에서 말한, 울릉단층과
후포단층과 양산단층이 생겼다. 이 때 동해 바다에 있는 큰 단층인 울
릉단층 왼쪽의 땅덩어리가 북쪽으로 움직이고 오른쪽 땅덩어리가 남쪽
으로 움직이면서 울릉분지가 넓어진 것으로 보인다. 당시 갈라지는 속
도는 1년에 약 10cm 정도였다. 이 때 당기는 힘으로 유라시아대륙의
두께 약 30km인 해저지각이 늘어나면서 얇아지기 시작해, 14km 정도
가 되었다. 또 일본열도도 휘어지기 시작했다. 이 때 태백산맥도 제대로
생기기 시작했다고 생각된다.

　　약 1,200만 년 전에는 -- 드디어 일본열도가 북동쪽으로
미는 힘을 받아, 동해는 1,200만 년 전부터 닫히기 시작해, 오늘날 보는
것 같은 다이아몬드를 닮은 모양이 되기 시작했다. 이 때 일본열도의 서
쪽지방은 북쪽으로 올라갔고 동쪽지방은 서쪽으로 이동했다. 그러면
서 일본이 휘어졌다.
　　동해의 남서쪽은 1,100만 년 전부터 500만 년 전까지는 막혔던 것으

로 보인다. 그러므로 당시에는 더운 바닷물은 들어오지 못했고 넓은 만으로 열린 북동쪽에서 찬물만 흘러 들어왔다. 또 깊은 바다 속의 물은 순환되지 못했다. 당시에 쌓인 지층에서는 그런 환경에서도 살 수 있었던 생물들의 화석이 나온다.

그러나 신생대 끝인 제4기에 들어서는 더운물에서 사는 동물의 화석들이 찬물에서 사는 동물화석과 간간이 섞여 나온다. 이런 것으로 보아 남서쪽출구가 때때로 열렸던 것으로 보인다. 북동쪽에서는 찬 물이 어렵지 않게 들어왔다.

한편 동해가 만들어지면서 바다바닥에 쌓였던 생물체들은 압력과 열을 받아 천연가스와 석유가 만들어져, 포항과 울산 앞 바다에서 발견되었다. 그러나 석유는 워낙 소량이라 곧 사라졌다. 또한 최근에는 천연가스가 경상남도 울산시 남동쪽 50km 떨어진 바다 밑 2,300m에서 발견되었다.

한편 동해가 지각 깊은 곳에서 솟아오르는 지구내부물질의 운동으로 솟아오르고 가라앉는 것을 반복해서 만들어졌다는 주장도 있다. 이 주장을 따르면 지금의 대한해협방향으로 큰 수로가 이미 4천만~5천만 년 전에 생겼다. 이후 일본 쪽 동해가 2천만 년 전에 생겼고 우리나라 쪽 동해는 그 후에 생겼다.

(3) 최근에는

지도를 펴놓고 보면 동해에서 밖으로 나가는 출구는 네 곳이 있다.

처음 출구는 한반도와 일본열도 사이의 대한해협이다. 대한해협은 우리나라와 대마도 사이의 동수도와 대마도와 일본열도사이의 서수도로 나누어진다. 동수도의 가장 깊은 곳의 깊이가 200m가 조금 넘는 우묵한 모양으로 주변의 깊이는 140m 정도이다. 서수도는 이 보다 얕아 100m 정도이다. 동해는 대한해협을 통해 얕은 바다인 동중국해로 연결된다.

두 번째 출구는 일본 혼슈와 북해도사이의 쓰가루해협이다. 쓰가루해협에는 동쪽목과 서쪽목이 있고, 깊이는 각각 200m와 140m이다.

세 번째 출구는 아시아대륙과 사할린섬 사이의 타타르해협으로, 가장 깊은 깊이가 12m이다. 마지막 출구는 북해도와 사할린섬 사이의 라뻬루즈해협으로 수심은 55m이다. 장-프랑소와 라뻬루즈(1741~1788?)는 18세기 중엽 대서양과 태평양을 탐험하다가 솔로몬군도에서 실종된 프랑스함장이다. 그는 대한해협을 지나가면서 우리나라근해의 수심을 처음으로 측량하면서 제주도와 남동해안을 간단하게 그렸다. 그가 울릉도를 "다즐레 섬"이라고 불러 서양에 처음으로 소개했다.

동해는 지구의 환경변화에 따라 달라졌다. 예컨대, 마지막 빙하기가 최고로 위세를 부렸던 때에는 쓰가루해협과 대한해협 동수도로만 찬 바닷물이 동해로 흘러 들어올 수 있었다. 우리나라의 남해도 육지였고 나머지출구는 모두 육지였다. 그러나 해수면이 내려가면서 쓰가루해협과 대한해협은 얕아지고 좁아졌으나 바닷물이 약간 들어올 수는 있었다. 그래도 당시의 동해밑바닥은 물이 순환되지 않아, 즉 산소가 공급되지 않아, 바다밑바닥에서 살았던 저서생물들은 죽음을 당해, 한마디로 죽음의 바다였다. 그러나 바다 위쪽에는 생물들이 있었다. 바다해수면이 1만 년 전에 올라오면서 남쪽에서는 난류가, 북쪽에서는 한류가 흘러들어 오기 시작했다.

최근 동해의 깊은 곳에 쌓인 퇴적물을 연구한 결과 지난 12만 년 동안에 열두 번 정도의 화산폭발이 있었다는 것을 알게 되었다. 두께 1~2mm에서 8cm 정도의 화산재 열두 층을 발견했기 때문이다. 울릉도와 백두산과 일본에 있는 화산들이 폭발했던 것으로 보인다.

2) 울릉도와 독도는

(1) 울릉도는

울릉도와 독도는 잘 알다시피 동해에 있는 작고 아름다운 섬들이다. 그 가운데서도 우리가 쉽게 가 볼 수 있는 울릉도는 상당히 단조로운 해안선을 가진 오각형의 섬이다. 해안은 절벽으로 깎아지른 듯이 사나워, 울릉도를 처음 와 본 사람들에게는 낯선 신기한 모습의 섬이 바로 울릉도이다. 지형도를 보면 울릉도에는 북쪽 성인봉의 사면에 있는 넓고 우묵한 나리분지 말고는 평지가 없다. 나리분지는 성인봉의 안쪽 벽이 무너져 내려 만들어진 칼데라이다. 나리분지 안에는 알봉이 둥글게 솟아 있다. 알봉의 모양과 부근의 지형으로 보아, 알봉이 나리분지가 만들어진 다음에 솟아난 용암으로 만들어졌다는 것을 알 수 있다.

울릉도를 만든 바위는 주로 용암과 화산재가 쌓인 바위이다. 울릉도는 약 250만 년 전에 아랫부분을 만든 용암이 솟아오른 것으로 알려졌다. 울릉도에서는 다섯 번의 화산폭발이 있었던 것으로 연구되었다.

성인봉이 마지막으로 폭발한 것은 약 1만 년 전으로 보인다. 울릉읍 저동 부근에서는 화산모래가 쌓인 사암과 덜 굳어진 역암과 화산재바위처럼 육지에서 쌓인 바위가 최근에 발견되었다.

(2) 독도는

독도는 울릉도 남동쪽에 있으며 동도와 서도와 근처에 흩어진 물개바위와 촛대바위를 넣어 36개의 암초들로 되어있다. 암초를 포함한 면적이 18만 m²가 넘어, 400 x 450m의 직사각형보다 약간 넓다. 동도와 서도는 좁은 물길을 사이에 두고 나누어져 있다.

서도가 동도보다 더 크며 더 높다. 서도와 동도와 암초는 모두 한

하늘에서 본 독도, 앞쪽이 동도이다. 동도에 선착장과 건물이 있다.
-한국해양과학기술원 동해연구소 동영상에서 캡처

화산봉우리로 생각되며, 바닷물로 깎여서 지금처럼 된 것으로 보인다. 서도는 안산암과 현무암과 화산재가 굳어진 바위(응회암)로 되어있다. 동도는 주로 안산암이며 남아있는 분화구를 볼 수 있다.

최근 밝혀진 바로는, 독도는 얕은 곳에서 기울기가 아주 작아져 바다아래 110~120m 정도에서는 넓어지기 시작한다. 나아가 독도의 바탕은 폭과 너비가 50km 정도로 울릉도보다 훨씬 크다. 그러므로 독도는 큰 밑 바침을 한 원반에서 아주 작은 점이 동해에서 솟아오른 거나 마찬가지다. 독도는 지금부터 약 450만 년 전부터 250만 년 전 사이에 만들어진 것으로 밝혀졌다.

과학백과 -- 동해 바닥에서는

울릉도와 한반도사이에서 가장 깊은 곳의 깊이가 1,500m를 넘고 울릉도와 독도 사이는 2,500m를 넘는다. 울릉도의 최고봉인 성인봉(984m)의 높이를 생각하면 울릉도는 약 2,500m를 솟아난 셈이다. 독도는 해저에서 2,700m 정도를 솟아올랐다. 울릉도와 독도는 동해 아래에 있던 마그마가 동해의 약한 땅껍질을 뚫고 솟아난 화산섬이라는 점에서 작지만 아주 의미가 있는 섬들이다.

울릉도와 독도가 동해에서 솟아났듯이, 동해 속에는 크고 작은 해저화산들이 있다. 이들은 계속 크고 있으며 언제인가는 제2, 제3의 울릉도와 독도가 되어 동해수면위로 나타날 것이다.

3) 동해안과 해안단구는

(1) 동해안은

　　　　동해안의 지형은 상당히 단조로우며 경사가 급하다고
말 할 수 있다. 이런 것은 지도를 보아도 알지만 대관령을 넘어가도 알
수 있다. 서쪽 낮은 곳에서 대관령까지 한 시간 이상이 걸리나 대관령에
서 동해안쪽으로 내려가는 데는 20분도 걸리지 않기 때문이다. 육지의
이런 지형이 바다 속으로 연장되어, 동해안에서 물속으로 들어가면서
급하게 깊어진다. 이런 것은 해도를 보면 금방 알 수 있다. 동해안은 해
안에서 수km만 나가도 수백 m로 깊어진다.

　　또 동해안에는 북한의 동한만을 빼고는 대륙붕도 없다. 또 동해안
에는 서해안처럼 넓은 조간대도 없다. 굵은 모래로 된 좁은 모래사장이
전부이다. 그 모래사장도 조금만 나가면 끝나고 물이 갑자기 깊어진다.
바다가 넓고 파도도 세며 한류의 영향으로 물도 차다.

　　나아가 동해에는 섬들이 없어, 해안이 단순하고 바다에 열려있다. 나
아가 동해가 서해보다 훨씬 넓으므로 파도가 서해보다 높다. 파도가
높으면서 펄처럼 작은 것들은 다 떠서 나가고 모래나 자갈들이 남은 결
과, 동해안에는 가는 모래가 아닌 굵은 모래의 해수욕장이 많이 생겼다.

(2) 해안단구는

　　　　우리나라의 동해안, 그 가운데서도 강릉과 경상북도 장
기갑에는 해안단구가 있다. 해안단구란 바닷물로 평평하게 깎인 바다
밑바닥이 솟아오르거나 바다가 낮아져 땅위에 나타난 곳을 말한다. 바

다 가까운 곳에서 아주 평탄한 지형이 수 km나 계속되는 해안단구를 보면 누구나 이상하다는 생각이 든다.

강릉 정동진 남쪽 해안단구의 높이는 80m 정도이다. 이 해안단구의 바닥은 고생대말기에 쌓인 사암이다. 이 사암의 표면에는 조개구멍의 흔적이 있다. 바로 그 조개구멍들은 사암이 바닷물로 덮였다는 것을 뜻한다. 곧 그 사암은 과거 한 때, 바닷물 속에 있었을 때, 조개가 구멍을 뚫었다. 또 정동진 남쪽 심곡에서는 65m 높이에 있는 바위에서도 바다 조개구멍을 볼 수 있다.

봉화동네와 정동초등학교 심곡분교는 해안단구 위에 자리 잡았다. 크게 볼 때 평지이나 집필동네와 건남동네 같은 골짜기가 있다. 정동진의 북쪽에 있는 안인동네에서도 해안단구를 볼 수 있다. 높이는 60m 정도이나 건손강이 지나가며 안인동네에도 깊은 골짜기가 있다.

조개가 구멍을 뚫은 것으로 보아 바위는 한 때 바닷물에 잠겼다.

강릉부근에서 관찰되는 해안단구를 다 모아보면 다섯 단의 단구가 있다는 것을 알 수 있다. 경상북도 영덕군에서는 두 단의 단구가 있다. 이 단구에서는 부석조각이 많이 나온다. 아마도 울릉도 성인봉이 폭발했을 때, 바닷물에 떠밀려 왔던 것으로 보인다.

단구가 동해안에만 있는 것은 아니다. 충청남도 공주군 웅천천 유역에서도 단구를 찾을 수 있다.

우리나라의 해안단구는 약 180만 년 전에 해면이 낮아지면서 만들어졌다. 계단을 닮은 단구의 모습을 생각하면, 해면이 계속해서 낮아지는 것이 아니라, 불쑥불쑥 낮아진다는 생각이 든다. 바다가 불쑥 한 번 낮아져 수십만 년 동안 그대로 있다가 또 불쑥 낮아진다. 쉬는 동안 해저는 평탄하게 깎인다. 다시 불쑥 낮아져 계단모양의 지형이 만들어진다. 만약 연속해서 낮아진다면 계단 같은 단구는 생기지 못할 것이다.

과학백과 -- 지진이 일어나면

지진으로 해저가 아래위로 흔들리면 바닷물도 흔들린다. 이렇게 생긴 물결이 쓰나미(또는 지진해일)이며 쓰나미는 파고가 수~10m나 된다.

동해안은 지진이 자주 일어나는 일본을 마주해 항상 쓰나미의 위험이 있다. 반면 서해안은 중국본토에서 큰 지진이 일어난다면 피해를 크게 입을 수 있다. 큰 지진이 보통 남북아메리카대륙의 서해안과 알류산열도와 일본처럼 태평양의 주위를 따라서 자주 일어나지만 가끔 중국내부에서도 일어난다. 예컨대 1976년 약 80만 명이 죽었다고 알려진 당산지진은 중국동부 허베이 성에서 일어났다. 2008년에는 서쪽내륙지방인 쓰촨 성에서도 큰 지진이 일어나 큰 피해를 입혔다.

찾아보기